建筑材料与检测

主　编　尚　敏
副主编　崔葛芹
参　编　王　磊　高欣欣　郝　哲　陈鸿瑾
　　　　刘晓立　李勇利
主　审　孙翠兰　赵天雨

机 械 工 业 出 版 社

本书根据有关现行的标准和规范进行编写。全书共九章，包括建筑材料的基本性质、气硬性胶凝材料、水硬性胶凝材料、混凝土、砂浆、墙体材料、建筑钢材、防水材料和其他材料（保温绝热材料、建筑塑料、建筑装饰材料）。本书难度适宜，图片丰富翔实，直观形象；主要材料检测内容在章节内单独列出，同时还包含试验报告、课堂练习、测验及材料员基础知识的练习册供学生和老师使用。

本书既可以供中等职业教育建筑工程施工专业、工程造价专业使用，也可作为建筑行业从业人员的参考用书。

为方便读者练习，本书配套有电子课件、习题答案等资源，凡使用本书作为教材的教师可登录机械工业出版社教育服务网 www.cmpedu.com 注册后免费下载。教师也可加入"机工社职教建筑 QQ 群：221010660"索取相关资料，咨询电话：010-88379934。

图书在版编目（CIP）数据

建筑材料与检测/尚敏主编 . —北京：机械工业出版社，2018.10（2022.10 重印）
职业教育建筑类专业系列教材
ISBN 978-7-111-60922-3

Ⅰ.①建… Ⅱ.①尚… Ⅲ.①建筑材料 – 检测 – 职业教育 – 教材 Ⅳ.①TU502

中国版本图书馆 CIP 数据核字（2018）第 211588 号

机械工业出版社（北京市百万庄大街 22 号 邮政编码 100037）
策划编辑：刘思海 责任编辑：刘思海 沈百琦
责任校对：郑 婕 陈 越 封面设计：马精明
责任印制：常天培
北京宝隆世纪印刷有限公司印刷
2022 年 10 月第 1 版第 8 次印刷
184mm × 260mm · 14.5 印张 · 355 千字
标准书号：ISBN 978-7-111-60922-3
定价：49.00 元

电话服务 网络服务
客服电话：010-88361066 机 工 官 网：www.cmpbook.com
　　　　　010-88379833 机 工 官 博：weibo.com/cmp1952
　　　　　010-68326294 金 书 网：www.golden-book.com
封底无防伪标均为盗版 机工教育服务网：www.cmpedu.com

附录　学习指导手册

学校：_____

班级：_____

姓名：_____

学号：_____

组号：_____

绪　论

一、学习指导

首先，掌握建筑材料的种类、标准及代号；其次，了解其重要性、历史、现状和发展趋势；第三，了解本课程的主要内容及学习方法。

二、重要知识点

1. 建筑材料的分类：

按成分和组织结构分	无机材料	金属材料：钢、铁、铝及其合金、铜及其合金
		非金属材料：水泥、石灰等无机胶凝、石材、砖瓦陶瓷等烧土制品、混凝土、砂浆、玻璃
	有机材料	植物材料：木材、竹材、植物纤维及制品
		合成高分子：塑料、橡胶、合成纤维、涂料、胶黏剂
		沥青材料：石油沥青、改性沥青及制品
	复合材料	金属与非金属：钢筋混凝土、钢纤混凝土、钢丝网水泥
		有机材料和无机非金属：聚合物混凝土、沥青混凝土、玻璃钢
		其他复合：水泥石棉制品、人造大理石、人造花岗岩
按功能分	结构材料	钢材、砖、石材、混凝土、木材等
	围护材料	砖、砌块、大型墙板、瓦等
	功能材料	防水材料、装饰、保温隔热、吸声隔声等

2. 建材的发展趋势：

1）高性能材料：轻质、高强、多功能、更耐久、美观。

2）绿色材料：低资源消耗、低能耗、变废为宝、综合利用、多功能。

3. 各类标准及代号：

1）国家标准　　　　GB

2）行业标准（部标）JC（建材），JG（建工）

3）地方标准　　　　DB

4）企业标准　　　　QB

4. 课程内容：

最重要章节：普通混凝土。

重要章节：水泥、建筑钢材。

较重要章节：气硬性胶凝材料、砂浆、墙体材料、防水材料。

次要章节：绪论、塑料、石材、木材、装饰材料、特殊混凝土。

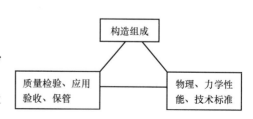

第1章　建筑材料的基本性质

一、学习指导

本部分内容，将所有章节内关于性质的知识点进行总结，针对职业技能考试，方便同学们查找、应用。

对于每种性质，表征它的指标是重点要掌握的。框架如下：

建筑材料的基本性质	物理性质	与质量有关的性质	三大密度	ρ、ρ_0、ρ_0'
			密实度和孔隙率	D、P
			填充率和空隙率	D'、P'
		与水有关的性质	亲水性、憎水性	润湿角 θ
			吸水性	$W_质$、$W_体$
			吸湿性	含水率 $W_含$
			耐水性	软化系数 $K_软$
			抗冻性	抗冻等级
			抗渗性	抗渗等级
		与热有关的性质	导热性	导热系数 λ
			热容量	比热 C
			热变形性（热胀冷缩）	线膨胀系数 a
	力学性质	抗破坏能力	强度	f（拉、压、弯、剪）
		变形表现	弹性、塑性	
	耐久性	综合性质	抗冻性、抗渗性、抗蚀性、大气稳定性、耐磨性、抗老化性、耐热性	

二、重要知识点

1. 三大密度区别：

名 称	符号	定义（状态）	体　积	测　法	公　式
表观密度	ρ_0	多孔固体、自然状态	固体实体积＋内部孔隙体积 $V_0 = V + V_{孔隙}$	规则：计算几何体积 不规则：蜡封孔隙排液法	$\rho_0 = m/V_0$
实际密度	ρ	绝对密实状态	固体的实体积 V	磨细成粉 再排水	$\rho = m/V$
堆积密度	ρ_0'	容器内堆积	固体实体积＋内部孔隙体积 ＋粒间空隙体积 $V_0' = V + V_{孔隙} + V_{空隙}$	在容器内堆满容积	$\rho_0' = m/V_0'$

2. 孔隙率与孔隙特征对材料性质的影响：

1）孔隙率越大，材料越疏松，强度越低，保温绝热性能越好。

2）开口孔隙为主，吸水性、透水性好，抗冻性差，抗渗性差，耐久性差。

3. 孔隙率与空隙率的区别：

1）孔隙率分析的是多孔固体，空隙率分析的是松散颗粒状材料。

2）孔隙率分析的是内部的孔隙体积占的比例，空隙率分析的是颗粒之间的空隙体积占的比例。

3）孔隙率反映的是多孔固体是不是密实，空隙率反映的是堆积体积内颗粒填充的紧不紧、实不实。

4. 表征吸水性的指标：对于轻质材料，如软木、加气混凝土、膨胀珍珠岩等，质量吸水率大于 1 时，往往采用体积吸水率；一般情况下，采用质量吸水率。

两者关系：$W_体 = W_质 \cdot \rho_0$，ρ_0 单位必须是 g/cm^3。

例如：膨胀珍珠岩，质量吸水率 $W_质 = 400\%$，表观密度 $\rho_0 = 0.075 \text{g/cm}^3$，则体积吸水率 $W_体 = 30\%$。

5. 含水率公式的变形。注意含水率公式的分母是材料干质量。常用的公式变形：

$$含水质量 \ m_含 = m_干 \times (1 + W_含)$$

6. 软化系数大较好，耐水性强。例如：花岗岩 $K_软$ 为 0.97，而土的 $K_软$ 为 0。

7. 抗冻等级 F50 的含义是能承受的冻融循环次数为 50 次。

8. 抗渗等级 P12 的含义是在抗渗试验中能承受的最大水压力为 1.2Pa。

9. 导热系数 λ 小较好，保温绝热。

10. 比热 C 大较好，维持室内温度稳定。

11. 强度概念、公式、适用范围、单位。

$$f_{拉压剪} = F/A，是指在被破坏前单位面积上能承受的最大力。$$

F 的单位是牛顿（N），A 的单位是平方毫米（mm^2），$f_{拉压剪}$ 的单位是兆帕（Pa）。

N/mm^2 = MPa

12. 弹性变形与塑性变形的判断。在总变形中，力撤销后仍保持的变形为塑性变形，消失的变形为弹性变形。

13. 耐久性概念以及包括的方面。

三、练习题

（一）填空题

1. 材料的抗渗性用_____表示。材料的吸水性用_____表示。材料的吸湿性用_____表示。

2. 软化系数是反映_____的指标，定义式为_____。

3. 材料的导热性大小常用_____表示，该值越小，绝热性能越_____。

4. 颗粒材料的密度、表观密度、堆积密度，存在_____大小关系。

（二）选择题

1. 加气混凝土的密度为 2.55g/cm^3，表观密度为 500Kg/m^3，其孔隙率应为（   ）。

    A. 19.6%　　　　B. 94.9%　　　　C. 5.1%　　　　D. 80.4%

2. 某岩石在气干状态、绝干状态、吸水饱和状态下的抗压强度分别为128MPa、132MPa、112MPa，则该岩石的软化系数为（　　）。

    A. 0.85　　　　B. 0.88　　　　C. 0.97　　　　D. 0.15

3. $f=3FL/2bh^2$ 是材料何种强度的计算公式（　　）。

    A. 抗压强度　　B. 抗拉强度　　C. 抗剪强度　　D. 抗弯强度

4. 从材料成分上来看，一般（　　）热导率最大，（　　）热导率最小。

    A. 金属材料　　B. 无机非金属材料　C. 有机材料　　D. 以上都可以

5. 材料吸水后，将使材料的（　　）提高。

    A. 耐久性　　B. 强度及导热性　C. 密度　　D. 表观密度和导热系数

6. 含水率为5%的砂220kg，将其干燥后的质量是（　　）kg。

    A. 209　　　　B. 209.52　　　　C. 210　　　　D. 208

7. 有一块砖重2625g，其含水率5%，该湿砖所含水量为（　　）。

    A. 131.25g　　B. 129.76g　　C. 130.34g　　D. 125g

（三）计算题

1. 某块材干燥时质量为115g，自然状态下体积为44cm³，磨细成粉后绝对密实状态下的体积为37cm³，试计算它的表观密度 ρ_0、实际密度 ρ 和孔隙率 P。

2. 有一块烧结普通砖，在吸水饱和状态下重2900g，其绝干质量为2550g。砖的尺寸为240mm×115mm×53mm，经干燥并磨成细粉后取50g，用排水法测得绝对密实体积为18.62cm³。试计算该砖的吸水率、密度、表观密度、孔隙率、开口孔隙率。

3. 某材料的密度为2.68g/cm³，表观密度为2.34g/cm³，720g绝干的该材料浸水饱和后擦干表面并测得质量为740g。求该材料的孔隙率、质量吸水率、体积吸水率、开口孔隙率、闭口孔隙率。（假定开口孔全可充满水）

4. 某自卸卡车平装满时的容量为 $4m^3$，砂子的堆积密度 ρ_0' 为 $1550kg/m^3$，本卡车平装能运几吨砂子？

5. 在配混凝土时，$1m^3$ 混凝土拌合物要用到 $680kg$ 干砂子，可是施工现场只有含水率为 4% 的湿砂子，称多少 kg 砂子正好够用，带进来多少水？

6. 某岩石干燥时强度为 $178MPa$，被水饱和后强度为 $168MPa$，求软化系数，并判断该岩石是否为耐水材料。

7. 直径 $12mm$ 的圆截面钢筋，拉断前能承受的最大拉力是 $42.7kN$，则抗拉强度为多少？

8. 立方体混凝土试块边长 $100mm$，承受 $310kN$ 的压力时出现破坏，则抗压强度为多少？

拓展：材料员考试《基本性能部分》练习题

一、单项选择题

1. 材料的吸湿性通常用（　　）表示。

A. 吸水率　　　　B. 含水率　　　　C. 抗冻性　　　　D. 软化系数

2. 含水率是表示材料（　　）大小的指标。

A. 吸湿性　　　　B. 耐水性　　　　C. 吸水性　　　　D. 抗渗性

3. 水可以在材料表面展开，即材料表面可以被水浸润，这种性质称为（　　）。

A. 亲水性　　　　B. 憎水性　　　　C. 抗渗性　　　　D. 吸湿性

二、多项选择题

关于材料的基本性质，下列说法正确的是（　　　）

A. 材料的表观密度是可变的

B. 材料的密实度和孔隙率反映了材料的同一性质

C. 材料的吸水率随其孔隙率的增加而增加

D. 材料的强度是指抵抗外力破坏的能力

E. 材料的弹性模量使越大，说明材料越不易变形

第2章　气硬性胶凝材料

一、学习指导

重点掌握石灰和石膏的特点及应用。了解水玻璃的特点及应用。

二、重要知识点

1. 石灰岩（碳酸钙）→高温煅烧→生石灰（氧化钙）→加水→熟石灰（氢氧化钙）

2. 生石灰按火候分为正火灰、欠火灰和过火灰。欠火灰减少产浆量，过火灰熟化过缓，正火灰硬化后进行体积膨胀放出热量的熟化过程中，产生崩裂、鼓泡等现象。

3. 石灰使用前应在储灰坑中放置两个星期，叫做陈伏。目的是保证石灰完全熟化，消除过火灰的危害，避免崩裂、鼓泡等现象。

4. 石灰的特点：①凝结硬化慢（结晶作用＋碳化作用），强度低；②吸湿性强，耐水性差；③可塑性好，保水性好；④硬化后体积收缩，易开裂；⑤放热量大，腐蚀性强。

5. 石灰的应用（硬化的两种作用：结晶和碳化进行得非常缓慢所以除刷白一般很少单独使用，应掺加砂石）：①刷白；②配制三合土和灰土；③配制砂浆；④做硅酸盐制品；

6. 生石膏（二水硫酸钙）→加热→β型半水硫酸钙→加水→石膏制品（二水硫酸钙）。β型半水硫酸钙称为建筑石膏。

7. 石膏的特点：①凝结硬化快；②孔隙率大；③吸湿性强，耐水性差；④防火性好；⑤硬化后体积膨胀，不开裂；⑥有良好可加工性和装饰性。

三、练习题

（一）单项选择题

1. 生石灰的主要化学成分是（　　　）。

A. $CaCO_3$　　　　B. CaO　　　　C. $Ca(OH)_2$　　　　D. $CaSO_4$

2. 石灰膏的主要化学成分是（　　　）。

A. $CaCO_3$　　　　B. CaO　　　　C. $Ca(OH)_2$　　　　D. $CaSO_4$

（二）简答题

1. 石灰在使用前为什么要陈伏？

2. 石灰硬化有哪些过程？生成了什么？

3. 石灰的应用有哪些方面？

4. 简述石膏的特点。

（三）分析题

实例分析：某单位宿舍楼的内墙使用石灰砂浆抹面。数月后，墙面上出现了许多不规则的网状裂纹。同时在个别部位还发现了部分凸出的放射状裂纹。试分析上述现象产生的原因。

拓展：材料员考试《气硬性胶凝材料部分》练习题

一、单项选择题

1. 下列关于石灰特性描述不正确的是（　　　）
A. 石灰水化放出大量的热　　　　　B. 石灰是气硬性胶凝材料
C. 石灰凝结快强度高　　　　　　　D. 石灰水化时体积膨胀

2. 建筑石膏自生产之日算起，其有效储存期一般为（　　　）
A. 3 个月　　　　B. 6 个月　　　　C. 12 个月　　　　D. 1 个月

3. 石灰膏在储灰坑中陈伏的主要目的是（　　　）。
A. 充分熟化　　　B. 增加产浆量　　C. 减少收缩　　　D. 降低发热量

4. 浆体在凝结硬化过程中，其体积发生微小膨胀的是（　　　）作用。
A. 石灰　　　　　B. 石膏　　　　　C. 普通水泥　　　D. 黏土

5. 石灰是在（　　　）中硬化的。
A. 干燥空气　　　B. 水蒸气　　　　C. 水　　　　　　D. 与空气隔绝的环境

二、多项选择题

1. 建筑石膏制品具有（　　　）等特点。
A. 强度高　　　　B. 质量轻　　　　C. 加工性能好　　　D. 防火性较好

E. 防水性好

2. 石灰消解反应的特点是（　　　）。

A. 放热反应　　　　B. 吸热反应　　　　C. 体积膨胀　　　　D. 体积收缩

E. 体积不变

第3章　水硬性胶凝材料

一、学习指导

本章为重点章节。水泥是建筑材料三大材之一，是重要的战略物资。首先应重点掌握常用的硅酸盐系通用水泥的成分、技术性质、特点；其次，掌握水泥质量评定验收保管内容；最后，了解硅酸盐系专用水泥、特性水泥及其他系列的水泥。

二、重要知识点

1. 水硬性胶凝材料：加水拌合后，成为塑性浆体，既能在潮湿的空气中，又能在水中发生凝结、硬化现象，将砂、石、砖等松散颗粒状材料胶结成一个整体的材料（强调环境：既能在空气中又能在水中）。

2. 硅酸盐系水泥包括通用水泥、专用水泥、特性水泥，通用水泥最常用，包括硅酸盐水泥、普通硅酸盐水泥、矿渣水泥、火山灰水泥、粉煤灰水泥等。硅酸盐水泥是硅酸盐系水泥的最基本品种。

3. 硅酸盐系水泥的成分均为硅酸盐水泥熟料（由生料烧至1450℃）、适量石膏、混合材料。熟料是关键成分，主要矿物成分为硅酸三钙、硅酸二钙、铝酸三钙和铁铝酸四钙，四种成分分别与水反应时的特点不同，调整其比例可以得到不同性质的水泥。

矿物名称	符号	水化产物	反应快慢	水化热	强度发展	后期强度	收缩	耐蚀性
硅酸三钙	C_3S	水化硅酸钙凝胶、氢氧化钙晶体	快	高	快	高	中	差
硅酸二钙	C_2S	水化硅酸钙凝胶、氢氧化钙晶体	慢	低	慢	高	小	好
铝酸三钙	C_3A	水化铝酸钙晶体	最快	高	快	低	大	差
铁铝酸四钙	C_4AF	水化铝酸钙晶体和水化铁酸钙凝胶	较快	中等	中	中	小	较好

必须记住：提高硅酸三钙 C_3S 的含量可以制得高强水泥；降低硅酸三钙 C_3S 和铝酸三钙 C_3A 的含量可以制得低水化热的大坝水泥。

4. 水泥的生产工艺流程：两磨一烧。

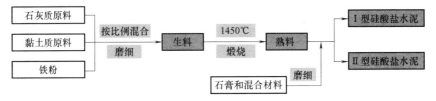

5. 为什么要掺入适量石膏：为了调节凝结时间，消除铝酸三钙的瞬凝危害，加入适量的石膏。（原理是石膏与铝酸三钙产物水化铝酸钙晶体反应生成钙矾石，包裹住铝酸三钙，使其无法继续与水反应）

6. 五种通用水泥的对比：

对比项目	硅酸盐水泥 P·Ⅰ、P·Ⅱ	普通水泥 P·O	矿渣水泥 P·S	火山灰水泥 P·P	粉煤灰水泥 P·F
混合材料掺量	0～5%	6%～20%	20%～70%	20%～40%	20%～40%
强度等级	425（R）、525（R）、625（R）	425（R）、525（R）	325（R）、425（R）、525（R）		
细度	比表面积≥300		80μm 筛余≤10% 45μm 筛余≤30%		
初凝时间	≥45min				
终凝时间	≤6.5h	≤10h			
SO₃	<3.5%	<3.5%	<4%	<3.5%	<3.5%
MgO	≤5%		≤6%		
共同特点	快硬高强、反应快、水化热集中、抗冻性好、干缩较小		早期强度低、水化热放出少、抗蚀性好（适于海水工程）、适于蒸汽养护、抗冻性差		
个性	价格高、应用在特殊工程	应用在冬期施工	耐热性好	抗渗性好	干缩小（抗裂）

7. 氧化镁（MgO）含量、三氧化硫（SO₃）含量、初凝时间和体积安定性四项指标非常重要，通常其中一项不达标就作为废品处理。

8. 细度不能过大（粗），否则水化反应慢、不彻底，也不能过小（细），否则粉磨能耗大、成本高，反应过快易干缩开裂。细度检测方法有手筛法、负压筛法和水筛法。

9. 初凝时间不能过早（应大于45min），以便有足够的时间进行搅拌运输浇筑等施工；终凝时间不能过迟（应小于6.5h或10h），以便尽快进行下一道工序，不拖延工期。

10. 体积安定性用沸煮法检验，能反映游离氧化钙的危害。沸煮法包括雷氏法和试饼法，两者有矛盾时，以雷氏法为准。

11. 水泥强度测定试件尺寸40mm×40mm×160mm，水泥：标准砂：水=1:3:0.5

12. 水泥石的腐蚀主要有三种：软水腐蚀、溶解性腐蚀和膨胀性腐蚀。

13. 风化（受潮）是指水泥与环境中的空气、水发生反应，生成氢氧化钙等水化产物甚至进一步生成碳酸钙等产物，凝结迟缓、强度降低的现象。

14. 通用水泥保质期为三个月。

三、实验

（一）水泥需水性实验

1. 实验条件：水泥品种等级_____，环境温度_____。

2. 实验目的：＿＿＿＿＿＿＿＿＿＿＿＿＿＿＿＿＿＿＿＿。

3. 实验器具：＿＿＿＿＿＿＿＿＿＿＿＿＿＿＿＿＿＿＿＿。

4. 注意事项：

1）测试前仪器处于初始位置。

2）搅拌前，搅拌锅用湿布擦拭，锅内水分不要影响结果。

3）水的用量影响极大，量取一定要准确。

5. 实验步骤：

6. 实验结果记录：水泥用量＿＿＿＿＿＿ g。

实验次数	水的用量/g	沉入深度 S/mm	读取 P（%）	计算 P（%）
1				
2				

注：1）采用标准法时，需水率 P（%）= 达到标准稠度时用水量÷水泥用量。

2）采用代用法时，需水率 P（%）= $33.4 - 0.185 \times S$

7. 结果分析：

实验结果＿＿＿＿＿＿，原因是＿＿＿＿＿＿＿＿＿＿＿＿＿＿＿＿＿＿。

（二）体积安定性实验（＿＿＿＿＿＿＿法）

1. 实验条件：水泥品种等级＿＿＿＿＿＿＿，环境温度＿＿＿＿＿＿。

2. 实验目的：＿＿＿＿＿＿＿＿＿＿＿＿＿＿＿＿＿＿＿＿。

3. 实验器具：＿＿＿＿＿＿＿＿＿＿＿＿＿＿＿＿＿＿＿＿。

4. 注意事项：采用＿＿＿＿＿＿稠度的水泥净浆。

5. 实验步骤：

6. 实验结果记录：

水泥用量＿＿＿＿＿＿＿ g，经沸煮，试件＿＿＿＿＿＿＿＿＿＿＿＿（裂缝），体积安定性＿＿＿＿＿＿＿＿＿＿。

7. 结果分析：

实验结果＿＿＿＿＿＿，原因是＿＿＿＿＿＿＿＿＿＿＿＿＿。

四、练习题

（一）名词解释

1. 水化热

2. 体积安定性

3. 水泥的硬化

（二）填空题

1. 水泥在储运过程中，会吸收空气中的_____和_____逐渐出现_____现象，使水泥丧失胶结能力，因此储运水泥时应注意_____。

2. 水泥石是由_____、_____、未完全水化的颗粒、游离水分、气孔等组成的不均质的结构体。

（三）单项选择题

1. 火山灰硅酸盐水泥的代表符号是（　　）。

A. P·O　　　　　B. P·S　　　　　C. P·P　　　　　D. P·F

2. 房屋建筑施工冬期宜采用（　　）水泥。

A. 普通　　　　　B. 矿渣　　　　　C. 火山灰　　　　　D. 粉煤灰

3. 下列几种混合材料中，（　　）为活性混合材料。

A. 黏土　　　　　B. 石灰石　　　　　C. 粒化高炉矿渣　　　D. 煤矸石

4. 提高水泥熟料中（　　）成分含量，可制得高强度等级水泥。

A. C_3S　　　　　B. C_2S　　　　　C. C_3A　　　　　D. C_4AF

5. 体积安定性不良的水泥（　　）使用。

A. 作废品处理　　　B. 降低等级　　　　C. 掺入新水泥　　　　D. 拌制砂浆

6. 硅酸盐水泥熟料的四种矿物成分中性质最差的是（　　）。

A. C_3A　　　　　B. C_2S　　　　　C. C_3S　　　　　D. C_4AF

7. 为了调节水泥的凝结时间，应加入适量的（　　）。

A. 石灰　　　　　B. 氧化镁　　　　　C. 石膏　　　　　D. 粉煤灰

8. 沸煮法安定性试验是检测水泥中（　　）含量是否过多。

A. f-CaO　　　　　B. f-MgO　　　　　C. SO_3　　　　　D. f-CaO、f-MgO

9. 在下列（　　）的情况下，水泥应作废品处理。

A. 强度低于强度等级值　　　　　　　B. 终凝时间过长

C. 初凝时间过短　　　　　　　　　　D. 水化热太小

10. 通用水泥的存放期为（　　）时间。

A. 一个月　　　　　B. 六个月　　　　　C. 三个月　　　　　D. 两个月

11. 建筑常用的五种水泥中，含碱量不大于（　　）称低碱水泥。

A. 0.5%　　　　　B. 0.6%　　　　　C. 0.7%　　　　　D. 0.8%

12. 硅酸盐水泥熟料矿物成分中含最高的是（　　）。

A. 硅酸二钙　　　　B. 硅酸三钙　　　　C. 铝酸三钙　　　　D. 铁铝酸四钙

（四）简答题

1. 何谓硅酸盐水泥？Ⅰ型和Ⅱ型硅酸盐水泥有哪些不同？分几个强度等级？

2. 生产水泥时为什么要加入适量石膏?

3. 对混凝土凝结时间提出什么要求，为什么?

4. 矿渣水泥、火山灰水泥、粉煤灰水泥各有什么独特之处?

拓展：材料员考试《水泥部分》练习题

（一）单项选择题

1. 硅酸盐水泥熟料矿物中，（ ）的水化速度最快，且放热量最大。

A. C_3S　　　　B. C_2S　　　　C. C_3A　　　　D. C_4AF

2. 为硅酸盐水泥熟料提供氧化硅成分的原料是（ ）。

A. 石灰石　　　B. 白垩　　　　C. 铁矿石　　　D. 黏土

3. 硅酸盐水泥在最初四周内的强度实际上是由（ ）决定的。

A. C_3S　　　　B. C_2S　　　　C. C_3A　　　　D. C_4AF

4. 生产硅酸盐水泥时加适量石膏主要起（ ）作用。

A. 促凝　　　　B. 缓凝　　　　C. 助磨　　　　D. 膨胀

5. 大体积混凝土工程应选用（ ）。

A. 硅酸盐水泥　B. 高铝水泥　　C. 矿渣水泥　　D. 普通水泥

6. 以下水泥熟料矿物中早期强度及后期强度都比较高的是（ ）。

A. C_3S　　　　B. C_2S　　　　C. C_3A　　　　D. C_4AF

7. 水泥浆在混凝土材料中，硬化前和硬化后是起（ ）作用。

A. 胶结　　　B. 润滑和胶结　　C. 填充　　　D. 润滑和填充

8. 石灰膏在储灰坑中陈伏的主要目的是（ ）。

A. 充分熟化　　B. 增加产浆量　　C. 减少收缩　　D. 降低发热量

9. 石灰是在（ ）中硬化的。

A. 干燥空气　　B. 水蒸气　　　C. 水　　　　D. 与空气隔绝的环境

10. 硅酸盐水泥某些性质不符合国家标准规定，应作为废品，下列哪项除外（ ）。

A. MgO 含量超过 5.0%，SO_3 含量超过 3.5%

B. 强度不符合规定

C. 安定性（用沸煮法检验）不合格

D. 初凝时间不符合规定（初凝时间早于 45min）

11. 高层建筑基础工程的混凝土宜优先选用下列哪一种水泥（ ）。

A. 硅酸盐水泥 　　　　　　　　　　B. 普通硅酸盐水泥

C. 矿渣硅酸盐水泥 　　　　　　　　D. 火山灰质硅酸盐水泥

12. 水泥安定性是指（　　）。

A. 温度变化时，胀缩能力的大小 　　B. 冰冻时，抗冻能力的大小

C. 硬化过程中，体积变化是否均匀 　D. 拌合物中保水能力的大小

13. 下列四种水泥，在采用蒸汽养护制作混凝土制品时，应选用（　　）。

A. 普通水泥 　　B. 矿渣水泥 　　C. 硅酸盐水泥 　　D. 矾土水泥

14. 水泥强度试体养护的标准环境是（　　）。

A. （20±3）℃，95% 相对湿度的空气

B. （20±1）℃，95% 相对湿度的空气

C. （20±3）℃的水中

D. （20±1）℃的水中

15. 对出厂日期超过三个月的过期水泥的处理办法是（　　）。

A. 按原强度等级使用 　　　　　　　B. 降级使用

C. 重新鉴定强度等级 　　　　　　　D. 判为废品

16. 硅酸盐水泥初凝时间不得早于（　　）。

A. 45min 　　　B. 30min 　　　C. 60min 　　　D. 90min

17. 为防止水泥闪凝，水泥中应加入适量磨细的（　　）。

A. 生石灰 　　B. 石灰石 　　C. 粒化高炉矿渣 　　D. 石膏

18. 水泥的凝结时间（　　）。

A. 越长越好 　　　　　　　　　　　B. 初凝应尽早，终凝应尽晚

C. 越短越好 　　　　　　　　　　　D. 初凝不宜过早，终凝不宜过晚

19. 硅酸盐水泥细度指标愈大，则（　　）。

A. 水化作用愈快愈充分，质量愈好

B. 水化作用愈快，但收缩愈大，质量愈差

C. 水化作用愈快，早期强度愈高，但不宜久存

D. 水化作用愈充分，强度愈高且耐久性愈好

20. 大体积重力坝所使用的水泥必须具有（　　）特性。

A. 高抗渗性 　　B. 高强度 　　　C. 早强 　　　　D. 低水化热

（二）多项选择题

1. 硅酸盐水泥熟料中含有（　　）矿物成分。

A. C_3S 　　　　B. C_2S 　　　　C. CA 　　　　D. C_3A

E. C_4AF

2. 下列水泥中，属于通用水泥的有（　　）。

A. 硅酸盐水泥 　　B. 高铝水泥 　　C. 膨胀水泥 　　D. 矿渣水泥

E. 自应力水泥

3. 硅酸盐水泥的特性有（　　）。

A. 强度高 　　B. 抗冻性好 　　C. 耐腐蚀性好 　　D. 耐热性好

E. 抗渗性好

4. 对于高温车间工程用水泥，可以选用（　　　）。
A. 普通水泥　　　　B. 矿渣水泥　　　　C. 火山灰水泥　　　D. 硅酸盐水泥
E. 粉煤灰水泥

5. 大体积混凝土施工应选用（　　　）。
A. 矿渣水泥　　　　B. 硅酸盐水泥　　　C. 粉煤灰水泥　　　D. 火山灰水泥
E. 普通水泥

6. 紧急抢修工程宜选用（　　　）。
A. 硅酸盐水泥　　　B. 矿渣水泥　　　　C. 粉煤灰水泥　　　D. 火山灰水泥
E. 普通水泥

7. 有硫酸盐腐蚀的环境中，宜选用（　　　）。
A. 硅酸盐水泥　　　B. 矿渣水泥　　　　C. 粉煤灰水泥　　　D. 火山灰水泥
E. 高铝水泥

8. 有抗冻要求的混凝土工程，应选用（　　　）。
A. 矿渣水泥　　　　B. 硅酸盐水泥　　　C. 普通水泥　　　　D. 火山灰水泥
E. 粉煤灰水泥

9. 在水泥的贮运与管理中应注意的问题是（　　　）。
A. 防止水泥受潮
B. 水泥存放期不宜过长
C. 对于过期水泥作废品处理
D. 严防不同品种不同强度等级的水泥在保管中发生混乱
E. 坚持限额领料杜绝浪费

（三）填空题

1. 硅酸盐水泥根据其强度大小分为＿＿＿＿＿、＿＿＿＿＿、＿＿＿＿＿、
＿＿＿＿＿、＿＿＿＿＿、＿＿＿＿＿六个强度等级。

2. 硅酸盐水泥的主要水化产物是＿＿＿＿＿、＿＿＿＿＿、
＿＿＿＿＿及＿＿＿＿＿。

3. 生产硅酸盐水泥时，必须掺入适量石膏，其目的是＿＿＿＿＿。

4. 硅酸盐水泥的技术要求主要包括＿＿＿＿＿、＿＿＿＿＿、
＿＿＿＿＿、＿＿＿＿＿等。

5. 水泥在储运过程中，会吸收空气中的＿＿＿＿＿和＿＿＿＿＿，逐渐出现
＿＿＿＿＿现象，使水泥丧失＿＿＿＿＿，因此储运水泥时应注意＿＿＿＿＿。

（四）判断题

1. 硅酸盐水泥中 C_3A 的早期强度低，后期强度高，而 C_3S 正好相反。（　　）
2. 用沸煮法可以全面检验硅酸盐水泥的体积安定性是否良好。（　　）
3. 硅酸盐水泥的细度越细，标准稠度需水量越高。（　　）
4. 六大通用水泥中，矿渣硅酸盐水泥的耐热性最好。（　　）
5. 硅酸盐水泥熟料矿物组分中，水化速度最快的是铝酸三钙。（　　）
6. 体积安定性不良的水泥，重新加工后可以用于工程中。（　　）
7. 火山灰水泥不宜用于有抗冻、耐磨要求的工程。（　　）

8. 在大体积混凝土中，应优先选用硅酸盐水泥。（　　）

9. 普通硅酸盐水泥的初凝时间不得早于45min，终凝时间不得迟于6.5h。（　　）

10. 有抗渗要求的混凝土，不宜选用矿渣硅酸盐水泥。（　　）

（五）简答题

1. 下列混凝土工程中应优先选用哪些水泥？并说明原因。

1）大体积混凝土工程，如大坝。

2）采用蒸汽养护的混凝土构件。

3）高强度混凝土工程。

4）严寒地区受反复冻融的混凝土工程。

5）地下水富含硫酸盐地区的混凝土基础工程。

6）海港码头工程。

7）耐磨要求高的混凝土工程，如道路、机场跑道。

8）要求速凝高强的军事工程。

2. 某住宅工程工期较短，现有强度等级同为42.5硅酸盐水泥和矿渣水泥可选用。从有利于完成工期的角度来看，选用哪种水泥更为有利。

第4章　混　凝　土

一、学习指导

本章为最重要章节。应掌握三大部分内容：组成材料、技术性质和配合比设计。

尤其是骨料的粗细程度和级配、混凝土的和易性和强度、质量法确定砂石用量和换算施工配合比，应重点掌握。

二、重要知识点

1. 普混凝土是指由普通的砂子、石子、水泥和水组成的表观密度在 2000 ~ 2800kg/m³ 的人工石材。

2. 水泥浆的作用是包裹砂石并填充砂石的空隙，赋予混凝土流动性，并通过水泥的凝结把各种材料胶凝成一个整体，并产生强度。砂石的作用是形成骨架、抑制水泥硬化产生的干缩。

3. 水泥的强度一般是混凝土强度的 1.5 倍及以上。

4. 砂、石按技术要求分为Ⅰ、Ⅱ、Ⅲ三类。

5. 为什么对砂石提出颗粒级配和粗细程度的要求？

级配好就是颗粒大小搭配得好，空隙率小，这样填充空隙用的水泥浆少，形成的骨架密实；粗细程度适宜（较多的粗粒、适量的中粒、较少的细粒）不影响级配，总表面积较小，包裹颗粒所用的水泥浆少，经济。

6. 对于砂，粗细程度用细度模数表示，细度模数越大，总体越粗。细度模数在 1.6 ~ 2.2 之间的是细砂，在 2.3 ~ 3.0 之间的是中砂，在 3.1 ~ 3.7 之间的是粗砂。

颗粒级配用级配区或级配曲线表示，处在任何一个国家标准给定的区域（1 区、2 区或 3 区）都是级配合格的砂。

处在 2 区的中砂最适合配制混凝土，其他级配良好的粗、中、细砂也可以，但需要对砂率进行调整。优质的Ⅰ类砂必须在 2 区。

7. 石子的级配有两种：

1）连续级配（与砂相同）从小到大连续分级，即粒径都从 5mm 开始，用于配制一般混凝土（最大到 40mm）；

2）单粒级是一到二个粒级（一小段），用于配更大粒级的连续粒级（80mm）或调整不合格级配。

8. 粗集料的最大粒径选用原则：在条件许可时尽量选大的，根据建筑物的种类、尺寸、钢筋间距及施工机械决定。国标具体规定：一般构件，最大粒径不得大于结构物最小截面的最小边长的四分之一，同时不得大于钢筋间最小净距的四分之三。对于混凝土实心板，允许采用最大粒径为三分之一板厚的颗粒，同时最大粒径不得超过 40mm。

9. 和易性是指混凝土拌合物的施工操作（搅拌、运输、浇筑、振捣）的难易程度和抵抗离析作用程度的性质，包括三方面：流动性、黏聚性和保水性。三者互相影响，应当综合考虑。

和易性的评定：测定流动性指标（坍落度或维勃稠度）辅以直观凭经验判断其黏聚性和保水性。坍落度越大，流动性越大；维勃稠度越大越干硬。

和易性的选择：根据工程结构种类、钢筋疏密及振捣方法选择。板、梁、柱浇筑时选坍落度 30 ~ 50mm 的拌合物。

和易性的影响因素：主要有水泥浆数量和水灰比、砂率、温度、时间。

10. 强度等级的判断依据：混凝土的立方体抗压强度标准值（$f_{cu,k}$）。

立方体抗压强度标准值的测定：（五个标准）标准方法制作、标准条件养护 28d、标准试件、标准测试所得的抗压强度总体分布（一批数值）中的标准值（低于此值的不超过 5%）。

非标准试件的折算：大尺寸试件（边长 200mm）存在的缺陷多所测得强度值偏低，应乘以 1.05 的折算系数，小尺寸试件（边长 100mm）正好相反，乘以 0.95。

强度的影响因素：水泥强度与水灰比、粗集料、养护条件（温度湿度）、龄期。

提高强度、促进强度发展的措施：采用高强水泥、采用干硬性混凝土、掺加外加剂、采用蒸汽（压）养护。

11. 耐久性是指混凝土在实际使用条件下抵抗各种破坏因素作用，长期保持强度和外观完整性的能力，包括抗冻性、抗渗性、抗蚀性、抗作用、抗碱-集料反应等。

混凝土的碳化也叫中性化，指的是二氧化碳在有水的情况下和水泥石中的氢氧化钙反应生成碳酸钙和水的反应，使混凝土碱性降低，失去对钢筋的保护作用。

提高耐久性的措施：合理选择水泥品种、掺外加剂、控制水灰比和水泥用量、加强浇捣养护、表面密实处理。

12. 配合比设计指标：和易性、强度、耐久性、经济性。

设计思路：初步配合比→设计配合比→施工配合比

三大参数：水灰比、砂率、单位用水量。

重点：给出初步配合比（尤其是质量法求单位砂、石用量），换算施工配合比质量法确定单位砂、石用量所用公式：$m_{co} + m_{so} + m_{go} + m_{wo} = m_{cp}$

$$\beta_s = m_{so} \div (m_{so} + m_{go})$$

用文字表达：砂石 = 2400 − 胶凝材料 − 水

砂 = 砂石 × 砂率

石子 = 砂石 − 砂

换算施工配合比公式：$m_c = m_{cb}$

$m_s = m_{sb} \times (1 + a\%)$，施工现场砂含水率 $a\%$

$m_g = m_{gb} \times (1 + b\%)$　现场石子含水率 $b\%$

$m_w = m_{wb} - (m_{sb} \times a\% + m_{gb} \times b\%)$

13. 轻骨料的强度可用筒压强度和强度等级表示，了解特殊混凝土的分类。

轻混凝土	轻骨料混凝土	表观密度不大于 1950kg/m³，全轻、砂轻和次轻混凝土
	多孔混凝土	加气混凝土、泡沫混凝土
	大孔混凝土	无砂大孔、少砂大孔，透水生态地坪
有特殊要求的混凝土	预拌混凝土	商品混凝土，搅拌站经计量拌制后出售并用运输车运至使用地点
	高强混凝土	强度等级为 C60 及以上的混凝土
	泵送混凝土	坍落度不低于 100mm，并用泵送施工的混凝土
	抗渗混凝土	抗渗等级大于等于 P6 的混凝土
	抗冻混凝土	抗冻等级大于等于 F50 的混凝土

（续）

有特殊要求的混凝土	大体积混凝土	结构物实体最小尺寸大于等于1m，或预计温差大而裂缝
	清水混凝土	一次浇筑成型，不做任何外装饰、平整光滑、棱角分明
	耐酸混凝土	水玻璃等组成，对浓硫酸、硝酸等有足够的耐酸稳定性
	纤维混凝土	抗拉强度、抗弯强度、抗裂强度和冲击韧性等，掺入钢纤维、合成纤维、碳纤维和玻璃纤维等

三、实验

（一）骨料的筛分析实验

1. 实验条件：骨料的种类_____，含水状态_____。

2. 实验目的：_____。

3. 实验器具：_____。

4. 注意事项：①称量时注意天平"左物右码"，用镊子夹砝码；读数一定要准。②称量结束后，把每个筛的分计筛余量汇总加和，与500g对比，如果上下波动不超过5g，实验才有效。

5. 实验步骤：

6. 实验结果记录：砂总量_____g。

筛子编号	筛孔尺寸/mm	分计筛余量/g	分计筛余率（%）	累计筛余率（%）
1	4.75			
2	2.36			
3	1.18			
4	0.60			
5	0.30			
6	0.15			
筛底	0			

注：1. 分计筛余率 = 分计筛余量÷500×100% = 分计筛余量÷5（%）。

2. 某号筛的累计筛余率 = 此筛以上的所有筛的分计筛余率的加和（含本筛）。

7. 结果分析：

细度模数 $= (A_2 + A_3 + A_4 + A_5 + A_6 - 5A_1)/(100 - A_1) =$

实验结果：级配_____的_____砂（粗细），原因是_____。

（二）混凝土拌合物实验

1. 实验条件：粗骨料的种类：_____，细骨料种类：_____。

2. 实验目的：_____。

3. 实验器具：_____。

4. 注意事项：①称量前不透水钢板用湿布擦拭，表面水分不要影响结果；将集料过筛，去除杂质，称量时注意读数一定要准。②插捣时双脚一定要踩住坍落筒的踏板，不允许坍落筒离开不透水钢板，否则读数将不准确。

5. 实验步骤：

6. 实验结果记录：水灰比 = _____。

实验次数	水泥用量	砂	石子	水	配合比	坍落度/mm	黏聚性、保水性
第一次							
第二次							

7. 结果分析：

（三）混凝土强度实验

1. 实验条件：粗骨料的种类：_____，细骨料种类：_____。

2. 实验目的：_____。

3. 实验器具：_____。

4. 注意事项：①拌合物可以取自施工现场，也可以按比例搅拌配制；②用捣棒插捣后，用抹子在试模内壁振捣使其均匀密实。

5. 实验步骤：

6. 实验结果记录：配合比 = _____。

实验次数	试件边长/mm	受压面积/mm^2	极限压力/kN	抗压强度/MPa	折算系数	立方体抗压强度/MPa
第一次						
第二次						

7. 结果分析:

四、练习题

（一）名词解释

1. 普混凝土

2. 混凝土的碳化

3. 配合比

（二）填空题

1. 砂子的颗粒级配用_____表示，颗粒粒径小于_____mm 为砂。

2. 混凝土的强度等级是依据_____划分的，C25 表示 $f_{cu,k}$ = _____MPa。

3. _____和_____影响混凝土强度最主要的因素。

4. 当混凝土拌合物有流浆出现，同时坍落度锥体有崩塌松散现象时，应保持_____不变，适当增加_____；不起作用时应_____。

（三）单项选择题

1. 压碎指标是表示（　　）强度的指标。

A. 混凝土　　　　B. 空心砖　　　　C. 轻骨料　　　　D. 石子

2. 普通混凝土立方体试块边长的标准尺寸为（　　）。

A. 100mm　　　　B. 150mm　　　　C. 200mm　　　　D. 250mm

3. 石子级配中，（　　）级配的空隙率最小。

A. 连续　　　　B. 间断　　　　C. 单粒级　　　　D. 完整

4. 一个截面尺寸为240mm×360mm 的钢筋混凝土梁，钢筋最小净距为48mm，混凝土应选用（　　）粒级石子。

A. 5～16mm　　　B. 5～31.5mm　　　C. 5～40mm　　　D. 20～40mm

5. 混凝土拌和物发生分层、离析，说明（　　）差。

A. 流动性　　　　B. 黏聚性　　　　C. 保水性　　　　D. 以上三个

6. 在进行混凝土初步配合比设计时，水灰比是根据（　　）确定，然后根据耐久性复核的。

A. 强度　　　　B. 耐久性　　　　C. 和易性　　　　D. 强度和耐久性

7. 配制混凝土所用水泥，其强度等级应比混凝土设计强度（　　），其效果佳、且经济合理。

A. 稍低　　　　B. 相等　　　　C. 根据需要　　　　D. 高0.5倍左右

8. 混凝土中外加剂的掺量应以（　　）。

A. 水泥质量的百分比表示　　　　B. 混凝土质量的百分比表示

C. 混凝土用水质量的百分比表示　　　　D. 砂石质量的百分比表示

9. 配制普通混凝土，细集料最常采用（   ）。

A. 河砂   B. 山砂   C. 海砂   D. 人工砂

10. 配制普通 C30 以下混凝土时，砂的含泥量不大于（   ）。

A. 3%   B. 5%   C. 7%   D. 10%

11. 配制普通 C30 以下混凝土时，石子中的含泥量不大于（   ）。

A. 1%   B. 1.5%   C. 2%   D. 2.5%

12. 配制普通 C30 以下混凝土时，石子的针片状颗粒不大于（   ）。

A. 5%   B. 15%   C. 25%   D. 35%

13. 对钢筋有锈蚀性的外加剂是（   ）。

A. 氯化钠   B. 亚硝酸钠   C. 三乙醇胺   D. 硫酸钠

14. 夏天施工混凝土，由于气温高，常使用的外加剂有（   ）。

A. 早强剂   B. 缓凝剂   C. 引气剂   D. 减水剂

（四）简答题

1. 简述石子最大粒径的选用原则及具体要求。

2. 简述混凝土拌合物和易性的试验步骤。

3. 简述和易性的影响因素。

4. 强度等级的判断依据是什么？如何测定？

5. 提高耐久性的措施有哪些？

（五）计算题

1. 混凝土中的砂子质量/石子质量 = 0.52，计算砂率。

2. 单位用水量为 185kg，水灰比为 0.5，拌合物湿表观密度为 2400kg/m³，砂率为 35%，试确定配 1 m³ 混凝土拌合物所用材料的质量。

3. 设计配合比为 280∶670∶1200∶140，施工现场砂含水率 $a\% = 5\%$，石子 $b\% = 2\%$，试换算施工配合比。

4. 某混凝土的实验室配合比为 1∶2.1∶4.0，$W/C = 0.60$，混凝土的体积密度为 2410kg/m³。求 1m³ 混凝土各种材料用量。

5. 已知混凝土经试拌调整后，各项材料用量为水泥 3.10kg，水 1.86kg，砂 6.24kg，碎石 12.8kg，并测得拌和物的表观密度为 2500kg/m³，试计算：
（1）每方混凝土各项材料的用量为多少？
（2）如工地现场砂子含水率为 2.5%，石子含水率为 0.5% 求施工配合比。

拓展：材料员考试《混凝土部分》练习题

一、骨料部分

（一）简答题

1. 砂石骨料在混凝土中可发挥哪些有益作用？

2. 对于混凝土用砂，为什么有细度要求还要有级配要求？

3. 为什么要限制混凝土用砂石的氯盐、硫酸盐及硫化物的含量？

4. 进行砂子筛分时，试样准确称量 500g，但各筛的分计筛余量之和可能大于或小于 500g，在什么情况下结果是可以接受的？

5. 砂、石的空隙率小是不是就是质量好？

6. 砂子的坚固性如何进行检验？

7. 砂子的含水状态有哪几种？计算普通混凝土配合比时一般以什么状态的砂子为基准？

8. 某混凝土搅拌站原使用砂子的细度模数为 2.5，后改用细度模数为 2.1 的砂子，原来混凝土配方不变，发觉混凝土坍落度明显变小。请分析原因。

9. 普通混凝土中使用卵石或碎石，对混凝土性能的影响有何差异？

10. 石子的最大颗径尺寸是如何确定的？规范规定石子的最大粒径有何意义？

11. 什么是石子中的针状、片状颗粒？其含量超过规定会对混凝土产生什么影响？

12. 混凝土对粗骨料有哪几个方面的要求？

13. 为什么要进行石子的级配试验？若工程上使用级配不符合要求的石子有何缺点？

14. 什么是碱—集料反应？

二、混凝土部分

（一）单项选择题

1. 混凝土配合比设计中，水胶比值是根据混凝土的（   ）要求来确定的。

A. 强度及耐久性　　　B. 强度　　　C. 耐久性　　　D. 和易性与强度

2. 混凝土的（   ）强度最大。

A. 抗拉　　　　　　B. 抗压　　　　C. 抗弯　　　　D. 抗剪

3. 防止混凝土中钢筋腐蚀的主要措施有（   ）。

A. 提高混凝土的密实度　　　　　　B. 钢筋表面刷漆

C. 钢筋表面用碱处理　　　　　　　D. 混凝土中加阻锈剂

4. 选择混凝土骨料时，应使其（   ）。

A. 总表面积大，空隙率大　　　　　B. 总表面积小，空隙率大

C. 总表面积小，空隙率小　　　　　D. 总表面积大，空隙率小

5. 普通混凝土立方体强度测试，采用 100mm × 100mm × 100mm 的试件，其强度换算系数为（   ）。

A. 0.90　　　　　B. 0.95　　　C. 1.0　　　D. 1.05

6. 在原材料质量不变的情况下，决定混凝土强度的主要因素是（   ）。

A. 水泥用量　　　　B. 砂率　　　C. 单位用水量　D. 水灰比

7. 厚大体积混凝土工程适宜选用（   ）。

A. 高铝水泥　　　B. 矿渣水泥　C. 硅酸盐水泥　D. 普通硅酸盐水泥

8. 混凝土施工质量验收规范规定，粗集料的最大粒径不得大于钢筋最小间距的（   ）。

A. 1/2　　　　　B. 1/3　　　C. 3/4　　　D. 1/4

（二）多项选择题

1. 在混凝土拌合物中，如果水灰比过大，会造成（   ）。

A. 拌合物的粘聚性和保水性不良　　B. 产生流浆

C. 有离析现象　　　　　　　　　　D. 严重影响混凝土的强度

E. 流动性不足

2. 以下哪些属于混凝土的耐久性（   ）。

A. 抗冻性　　　　　B. 抗渗性　　　C. 和易性　　　D. 抗腐蚀性

E. 收缩和徐变

3. 混凝土中水泥的品种是根据（   ）来选择的。

A. 施工要求的和易性　　　　　　　B. 粗集料的种类

C. 工程的特点　　　　　　　　　　D. 工程所处的环境

E. 经济性

4. 影响混凝土和易性的主要因素有（   ）。

A. 水泥浆的数量　　　　　　　　　B. 集料的种类和性质

C. 砂率　　　　　　　　　　　　　D. 水灰比

E. 模板种类

5. 在混凝土中加入引气剂，可以提高混凝土的（　　　）。

A. 抗冻性　　　　　B. 耐水性　　C. 抗渗性　　　　D. 抗化学侵蚀性

E. 强度

（三）判断题

1. 在拌制混凝土中砂子越细越好。（　　　）

2. 在混凝土拌合物水泥浆越多和易性就越好。（　　　）

3. 混凝土中掺入引气剂后，会引起强度降低。（　　　）

4. 级配好的集料空隙率小，其总表面积也小。（　　　）

5. 混凝土强度随水灰比的增大而降低，呈直线关系。（　　　）

6. 用高强度等级水泥配制混凝土时，混凝土的强度能得到保证，但混凝土的和易性不好。（　　　）

7. 混凝土强度试验，试件尺寸愈大，强度愈低。（　　　）

8. 当采用合理砂率时，能使混凝土获得所要求的流动性，良好的黏聚性和保水性，但水泥用量最大。（　　　）

小测验 1

班级_____　　　　　学号_____　　　　　姓名_____

一、填空题

1. 材料密度 ρ 一定时，孔隙率 P 越大，表观密度 ρ_0 越_____，强度越_____，保温绝热性越_____。

2. 100g 干砂在室外放置后，含水率4%，湿砂质量为_____。

3. 软化系数是反映_____的指标，定义式为_____。

4. 抗渗等级 P8 表示_____，抗冻等级 F50 表示_____。

5. 围护结构应选择比热 C _____导热系数 λ _____的材料。（大或小）

6. 水泥的受潮（风化）是指活性矿物_____与_____的过程，受潮后的水泥凝结_____，强度逐渐_____。

7. 硅酸盐水泥熟料的矿物成分有_____、_____、_____和铁铝酸四钙，提高_____的含量可制得高强水泥。

8. 水泥初凝时间不宜超过_____，以便_____，终凝时间不宜超过_____，以免_____。

9. 水泥的技术性质中，_____、SO_3、_____、_____中的任一项不合格即作为废品处理。

10. 水泥加水后，在开始的_____d 内反应速度快，大约_____d 可完成这反应的基本部分。浇筑后要注意_____养护，冬期施工应采取_____。

11. 高温车间应选用_____水泥，有抗渗要求处应选用_____水泥。

12. 一般情况下，配制混凝土时水泥的强度大约是混凝土强度的_____倍。

13. 级配良好的集料空隙率较____，填充用水泥浆少，经济，骨架密实。细度模数在_____内的砂配制混凝土时都可以采用。

14. 判断级配是否良好应先分析_____的数值，决定属于哪个级配区，再把其他数值与相应级配区的范围作对比，在范围中则说明级配良好。

15. 混凝土的和易性包括三个方面即流动性、_____和_____。

16. 混凝土的坍落度越_____，流动性越好；维勃稠度越_____，流动性越差，越干稠。

17. 某钢筋混凝土梁截面尺寸 250mm × 400mm，钢筋之间的净距为 45mm，应选用粒级为_____连续级配的石子。

18. 混凝土的强度等级是依据_____划分的，即 $f_{cu,k}$。C35 表示 $f_{cu,k}$ = _____ MPa。

19. 划分等级时，所用试件是边长 200mm 的立方体，则所得数值应乘以____的换算系数，因为_____。

20. 混凝土配合比设计中的三大参数为_____、_____、_____。

21. 耐久性规定了混凝土的最大_____和最小_____。

22. 建筑石膏的成分是_____，具有_____、_____、_____、_____等特点。

23. 石灰应在储灰坑中放置_____时间，叫做_____，目的是_____。

二、单项选择题

以下材料（　　）不属于气硬性胶凝材料。

A. 石灰　　　　　B. 石膏　　　　　C. 水玻璃　　　　　D. 水泥

三、名词解释

1. 堆积密度

2. 弹性

3. 水硬性胶凝材料

4. 硅酸盐水泥

5. 普通混凝土

6. 混凝土的和易性

7. 碱-集料反应

四、简答题

1. 简述孔隙率与空隙率的区别。

2. 造成水泥石安定性不良的原因有哪些？用什么方法检验？

3. 生产水泥时为什么要掺入适量石膏？

4. 石子的最大粒径按什么原则确定？具体有何要求？

5. 影响和易性的因素有哪些？

五、计算题

1. 配制混凝土时，已确定单位用水量 $m_{wo}=180kg$，水灰比 $W/C=0.6$，砂率 $\beta_s=35\%$，估计混凝土湿表观密度 $m_{cp}=2400kg/m^3$。请用质量法确定单位砂石用量 m_{so} 和 m_{go}。

2. 检验某砂的情况，用 500g 烘干试样筛分结果如下：

筛号	筛孔尺寸/mm	分计筛余量/g	分计筛余百分率（%）	累计筛余百分率（%）
1	4.75	18		
2	2.36	69		
3	1.18	70		
4	0.60	145		
5	0.30	101		
6	0.15	76		
筛底	0	21		

计算细度模数 $M_x =$

结论：____砂

3. 设计配合比 = 303∶632∶1289∶173，施工现场砂的含水率为 3%，石子的含水率为 2%，试换算施工配合比。

第 5 章　砂　　浆

一、学习指导

砂浆是细集料混凝土，应用广泛。砌筑砂浆的分析思路与混凝土一致，重点应掌握砌筑砂浆的组成材料、性质和配合比设计。

二、重要知识点

1. 砌筑砂浆组成材料的要求：①水泥强度一般为 32.5（M15 以上宜用 42.5）；②掺加料一般为石灰膏、电石膏，作用是节约水泥、改善和易性；③中砂，含泥量≤5%；④使用生活饮用水。

2. 砌筑砂浆的要求：①满足和易性；②满足强度和种类要求；③具有足够的黏结力。

3. 和易性包括两方面：

1）流动性，用沉入度表示，与砌体种类有关。沉入度大则流动性好。

2）保水性，用保水率和分层度表示，分层度要适宜≤30mm。分层度大则易分层，保水性差。

4. 七个强度等级：M5、M7.5、M10、M15、M20、M25、M30，试件为边长 70.7mm 立方体。

5. 砌筑砂浆的配合比设计特点是"直截了当"。首先确定试配强度，然后根据经验和理论直接依次确定水泥用量、掺加料用量、砂、水的用量，然后试配调整。

6. 抹面砂浆分层施工法各层的作用和特点。底层：与基层黏结，流动性较大；中层：找平；面层：装饰作用，采用细砂。

三、实验

砌筑砂浆实验

1. 实验条件：水泥等级_____，掺加料种类_____。

2. 实验目的：_____。

3. 实验器具：_____。

4. 注意事项：①测沉入度时，螺杆朝一个方向、读数要准确。②测分层度时，用木棒敲击时次数不要太多，使砂浆密实即可，否则会加速离析泌水现象，促进分层。

5. 实验步骤：

6. 实验结果记录：

实验次数	水泥用量	砂用量	水的用量/g	沉入度 K/mm
1				
2				

分层度：$K_1 - K_2 =$ _____ mm

7. 结果分析：

四、练习题

（一）填空题

1. 砂浆的和易性包括_____和_____两个方面，分别用_____和_____表示。

2. 在砂浆中掺入外掺料或外加剂其目的是为了_____和_____。

3. 砂浆的强度等级是用尺寸为_____的立方体试件，在标准温度和一定湿度条件下养护28d 的_____来确定。

（二）单项选择题

用于外墙的抹面砂浆，在选择胶凝材料时，应优先选择（   ）。

A. 水泥　　　　B. 石膏　　　　C. 粉煤灰　　　　D. 石灰

（三）简答题

1. 对砌筑砂浆的材料有哪些要求？

2. 简述抹面砂浆分层施工法各层的作用和特点。

第6章 墙 体 材 料

一、学习指导

本章介绍的是墙体材料。砌墙砖的学习是基础，砌块的应用日益广泛。

二、重要知识点

1. 烧结普通砖的规格尺寸：$240mm \times 115mm \times 53mm$，$1m^3$ 的砖砌体需要 512 块砖。材料有多种：黏土砖、粉煤灰砖页岩砖、灰砂砖、煤矸石砖等。

2. 烧结普通黏土砖按照焙烧火候可以分为：正火砖、欠火砖和过火砖。欠火砖色浅、敲击时声哑，吸水率大，强度低，耐久性差。过火砖与之相反，有弯曲变形。

3. 强度等级：MU10、MU15、MU20、MU25、MU30 五个。

4. 凡强度、抗风化性能、放射性能合格的砖，按照尺寸偏差、外观质量、泛霜程度、石灰爆裂程度划分为优等品、一等品和合格品。

5. 烧结多孔砖与空心砖的区别

1）多孔砖：孔洞率仅大于28%，孔的尺寸小数量多，且多为竖孔，强度高，承重用。

2）空心砖：孔洞率大于40%，孔尺寸大数量少，且多为水平孔，强度低，非承重用。

三、实验

砖强度实验

1. 实验条件：砖的品种＿＿＿＿＿＿＿＿。

2. 实验目的：＿＿＿＿＿＿＿＿＿＿＿＿＿＿＿＿＿＿＿＿＿＿＿＿＿＿＿。

3. 实验器具：＿＿＿＿＿＿＿＿＿＿＿＿＿＿＿＿＿＿＿＿＿＿＿＿＿＿＿。

4. 注意事项：＿＿＿＿＿＿＿＿＿＿＿＿＿＿＿＿＿＿＿＿＿＿＿＿＿＿＿。

5. 实验步骤：

6. 实验结果记录：

实验次数	受压面积/mm²	极限压力/kN	抗压强度/MPa
第一次			
第二次			
第三次			

7. 结果分析：

四、练习题

（一）填空题

烧结黏土砖的标准尺寸为_____，烧结多孔砖的孔洞率为_____。

（二）单项选择题

1. 砌筑有保温要求的承重墙时，宜选用（ ）。

A. 烧结普通砖 B. 烧结多孔砖 C. 烧结空心砖 D. 混凝土小型空心砌块

2. 仅能用于砌筑填充墙的是（ ）。

A. 烧结普通砖 B. 烧结多孔砖 C. 烧结空心砖 D. 蒸压灰砂砖

3. 下列选项中，不属于烧结砖的是（ ）。

A. 黏土砖 B. 页岩砖 C. 煤矸石砖 D. 碳化砖

4. MU7.5 中，7.5 的含义是（ ）。

A. 抗折强度平均值大于 7.5MPa B. 抗压强度平均值大于等于 7.5MPa

C. 抗折强度平均值小于等于 7.5MPa D. 抗压强度平均值小于 7.5MPa

5. 下列哪项不是加气混凝土砌块的特点（ ）。

A. 轻质 B. 保温隔热 C. 加工性能好 D. 韧性好

6. 砌筑 $1m^3$ 烧结普通砖砌体，理论上所需砖块数为（ ）。

A. 512 B. 532 C. 540 D. 596

（三）多项选择题

烧结普通砖根据（ ）分为优等品、一等品及合格品三个产品等级。

A. 尺寸偏差 B. 石灰爆裂 C. 外观质量 D. 泛霜

E. 孔形及孔洞排列

（四）判断题

1. 过火砖呈铁锈色，声音响亮，强度大。（ ）

2. 砌墙砖主要包括以黏土、工业废料或其他地方资源为主要原料，用不同工艺制成的，用于砌筑的承重和非承重的墙砖。（ ）

（五）简答题

1. 如何区分正火砖、欠火砖和过火砖？

2. 简述烧结多孔砖和空心砖的区别。

3. 什么叫砌块？同砌墙砖相比砌块有何优点？

4. 砌块的种类有很多，请写出你所知道的砌块（至少写 3 种，包括砌块名称、规格、特点、应用等）。

5. 对比水泥、混凝土、砂浆、砖的强度等级表示方法和测定。

材料品种	试件尺寸	划分等级依据	强度等级与表示方法
水泥			
混凝土			
砂浆			
普通砖			

第 7 章　建 筑 钢 材

一、学习指导

建筑钢材是建筑材料三大材之一，是国家建设的重要战略物资。本章是重要章节。重点掌握钢材的性能、常用钢材的钢号、钢筋的品种。

二、重要知识点

1. 生铁与钢，含碳2%为界，经过高炉冶炼，通过高温氧化再脱氧，达到降碳除杂的目的。

2. 拉伸性能属于使用性能，具有典型性，是分析重点。有屈服现象的低碳钢拉伸四阶段：

1）弹性阶段：变形可恢复，表现为弹性。

2）屈服阶段：出现塑性变形，应力不变应变快速增长，结构设计的依据，指标是屈服强度 R_e。

3）强化阶段：抵抗外力能力增长，指标是极限（抗拉）强度 R_m。

4）颈缩断裂阶段：薄弱部位变细，出现颈缩现象。

3. 强度指标：屈服强度 R_e、极限（抗拉）强度 R_m、屈强比 R_e/R_m。

塑性指标：伸长率 A、断面收缩率 Z。

4. 无明显屈服现象的高碳钢、合金钢的设计依据是条件屈服强度 $R_{P0.2}$。

5. 冷弯性能是重要的工艺性能：所借助的弯心直径越小越好，能弯成的角度越大越好。

6. 钢中元素对性质的影响：

碳：强硬脆；硫：热脆性；磷：冷脆性（优质不优质看硫磷）；硅：与碳同，提高弹性；锰：除硫害。合金元素提高综合性质。

7. 碳素结构钢与普通低合金结构钢的钢号表示方法类似，都是字母 Q 加上屈服强度的数值，另外要说明质量等级 A、B、C、D 和脱氧程度。碳素结构钢是 Q195、Q215、Q235、Q275，低合金结构钢强度高一点的，是 Q345、Q390、Q420、Q460、Q500、Q550、Q620、Q690。

优质结构钢和优质合金钢的钢号一致，都是用含碳量是万分之几的数字表示，合金钢可以加上合金元素的符号及含量（用百分数表示）。例如，$45Si_2MnTi$；另外可以说明优质到什么程度，即硫磷少到什么程度（A 代表高级优质，E 代表特优）。

8. 热轧钢筋根据屈服强度 R_e、极限（抗拉）强度 R_m、伸长率 A 和冷弯性能划分为四个等级。其中 HPB300 级是光圆的，HRB335、HRB400、HRB500 级带有月牙肋。HRB400 级有一部分作余热处理成为新品种。

9. 冷加工硬化和时效处理的概念及影响：

1）冷加工硬化是指钢材在常温下进行加工（冷拉、冷轧、冷弯、冷拔、冷轧扭），产生一定的塑性变形后，屈服强度提高、硬度提高，塑性、韧性下降的现象。

2）时效指的是随着放置时间的延长，钢材的屈服强度、极限抗拉强度提高，塑性、韧性变差的现象。

两者的影响都是提高强度、硬度，降低塑性、韧性，区别在于冷加工不能提高极限抗拉强度，而时效可以。

三、实验

低碳钢的拉伸实验

1. 实验条件：＿＿＿＿＿＿＿＿＿＿＿＿＿＿＿＿＿＿＿＿＿＿＿＿＿。

2. 实验目的：＿＿＿＿＿＿＿＿＿＿＿＿＿＿＿＿＿＿＿＿＿＿＿＿＿。

3. 实验仪器：＿＿＿＿＿＿＿＿＿＿＿＿＿＿＿＿＿＿＿＿＿＿＿＿＿。

4. 注意事项：①加载速度控制得当，否则影响最终数据而且屈服现象不明显。②强度是用相应的荷载比受力面积，极限（抗拉）强度 R_m 公式中分母是颈缩前面积。

5. 实验步骤：

6. 实验结果记录：

时间	试件直径	面积	标距长	试件外形图
实验前				
实验后				

屈服荷载 = _____ kN   屈服强度 = _____ = _____ MPa

极限荷载 = _____ kN   极限抗拉强度 = _____ = _____ MPa

伸长率 = _____   断面收缩率 = _____

四、练习题

（一）填空题

1. 钢材按化学成分可分为_____钢和_____钢。R_e 表示_____。Q235-A·b 表示_____。

2. 在工程实践中，钢材的_____强度和_____强度是设计中的重要依据。

3. 热轧钢筋按_____性能和_____性能将钢筋分为四个牌号。

4. 建筑工地或混凝土预制构件厂，对钢筋的冷加工方法有 _____、_____、_____、_____ 等。

（二）单项选择题

1. 钢与铁以碳的质量分数为 （   ）% 为界，碳的质量分数小于这个值时为钢，大于这个值时为铁。

　A. 0.25   B. 0.6   C. 0.8   D. 2

2. 下列钢材中，质量最好的是 （   ）。

　A. Q235-A·F   B. Q235-B·F   C. Q235-C   D. Q235-D

3. （   ） 是低合金高强度结构钢。

　A. Q235-B.F   B. 10F   C. Q345C   D. Q195

4. 下列钢材中 （   ） 的质量最差。

　A. 沸腾钢   B. 半镇静钢   C. 镇静钢   D. 特殊镇静钢

5. HPB300 级钢筋所用的钢种是 （   ）。

　A. 中碳钢   B. 低合金钢   C. 低碳钢   D. 优质碳素钢

6. 碳素钢中碳的质量分数在 0.25% ~0.6% 之间的称为 （   ）。

　A. 低碳钢   B. 中碳钢   C. 高碳钢   D. 合金钢

（三）简答题

1. 简述建筑钢材的优缺点。并说出建筑用钢的主要钢种。

2. 低碳钢拉伸有哪四个阶段？强度指标和塑性指标有哪些？

3. 钢中元素对性质有何影响？

4. 简述冷加工硬化的概念及影响。

5. 说明以下钢号的含义。

（1）Q235-B·F

（2）10Mn

（3）45Si$_2$MnTi

（4）Q345-C

拓展：材料员考试中《钢材部分》练习题

（一）单项选择

1. 在钢结构中常用（　　）、轧制成钢板、钢管、型钢来建造桥梁、高层建筑及大跨度钢结构建筑。

　A. 碳素钢　　　　　B. 低合金钢　　　　　C. 热处理钢筋　　　　D. 合金结构钢

2. 钢材中（　　）的含量过高，将导致其热脆性现象发生。

　A. 碳　　　　　　　B. 磷　　　　　　　　C. 硫　　　　　　　　D. 锰

3. 钢材中（　　）的含量过高，将导致其冷脆现象发生。

　A. 碳　　　　　　　B. 磷　　　　　　　　C. 硫　　　　　　　　D. 氧

4. 对同一种钢材，其伸长率δ5（　　）δ10。

　A. 大于　　　　　　B. 等于　　　　　　　C. 小于　　　　　　　D. 无关

5. 钢材随着含碳量的增加，其（　　）降低。

　A. 强度　　　　　　B. 硬度　　　　　　　C. 塑性　　　　　　　D. 脆性

6. 钢结构设计时，对直接承受动荷载的结构应选用（　　）。

　A. 电炉或氧气转炉镇静钢　　　　　　　　B. 平炉沸腾钢

　C. 氧气转炉半镇静钢　　　　　　　　　　D. 平炉半镇静钢

7. 严寒地区的露天焊接钢结构，应优先选用下列钢材中的（　　）钢。

　A. 16Mn　　　　　B. Q235-C　　　　　C. Q275　　　　　　　D. Q235-AF

8. 下列碳素钢结构钢牌号中，代表半镇静钢的是（　　）。

　A. Q195-B·F　　　B. Q235-A·F　　　C. Q255-B·b　　　　　D. Q275-A

9. 结构设计时，碳素钢以（　　）作为设计计算取值的依据。

　A. 弹性极限　　　　　　　　　　　　　　B. 屈服强度

　C. 抗拉强度　　　　　　　　　　　　　　D. 屈服强度及 抗拉强度 R_m

10. （　　）冶炼得到的钢质量最好。

A. 氧气转炉法　　　B. 平炉法　　　　　　C. 电炉法　　　　　　D. 空气转炉法

11. （　　）质量均匀、机械性能较好。

A. 沸腾钢　　　　B. 半镇静钢　　　　C. 镇静钢　　　　　D. 特殊镇静钢

12. 低碳钢中的含碳量为（　　）。

A. <0.1%　　　　B. <0.15%　　　　C. <0.25%　　　　D. <0.6%

13. 钢筋级别提高，则其（　　）。

A. 屈服点、抗拉强度提高，伸长率下降

B. 屈服点、抗拉强度下降，伸长率下降

C. 屈服点、抗拉强度下降，伸长率提高

D. 屈服点、抗拉强度提高，伸长率提高

14. 不属于钢中锰的优点是（　　）。

A. 提高抗拉强度　　B. 提高耐磨性　　　C. 消除热脆性　　　D. 改善焊接性

15. 钢中磷的危害主要是（　　）。

A. 降低抗拉强度　　B. 增大冷脆性　　　C. 增大热脆性　　　D. 降低耐候性能

16. 不属于钢中硫的危害是（　　）。

A. 降低冲击韧性　　B. 增大冷脆性　　　C. 增大热脆性　　　D. 降低耐候性能

17. 将钢材加热到一定温度，保温若干时间，而后缓慢冷却称为（　　）。

A. 退火　　　　　B. 淬火　　　　　　C. 回火　　　　　　D. 正火

18. 钢的牌号 Q235-A·F 中 F 表示（　　）。

A. 碳素结构钢　　B. 低合金结构钢　　C. 质量等级为 F 级　　D. 沸腾钢

19. 牌号为 25MnA 的优质碳素结构钢表示（　　）。

A. 平均含碳量小于 0.25%，含锰量为 0.25% 的优质镇静钢

B. 平均含碳量为 0.25%，含锰量小于 0.25% 的优质沸腾钢

C. 平均含碳量为 0.25%，含锰量为 0.7%~1.2% 的高级优质镇静钢

D. 平均含碳量 0.25%~0.6%，含锰量小于 0.8% 的特殊优质镇静钢

20. 为保护水工钢闸门，可在钢闸门上焊接一块（　　）。

A 铅　　　　　　B. 铜　　　　　　　C. 银　　　　　　　D. 锌

21. 钢材抵抗冲击荷载的能力称为（　　）。

A. 塑性　　　　　B. 冲击韧性　　　　C. 弹性　　　　　　D. 硬度

22. 钢的含碳量为（　　）。

A. 小于 2.06%　　B. 大于 3.0%　　　C. 大于 2.06%　　　D. 小于 1.26%

23. 伸长率是衡量钢材的（　　）指标。

A. 弹性　　　　　B. 塑性　　　　　　C. 脆性　　　　　　D. 耐磨性

24. 普通碳塑结构钢随钢号的增加，钢材的（　　）。

A. 强度增加、塑性增加　　　　　　　B. 强度降低、塑性增加

C. 强度降低、塑性降低　　　　　　　D. 强度增加、塑性降低

25. 在低碳钢的应力应变图中，有线性关系的是（　　）阶段。

A. 弹性阶段　　　B. 屈服阶段　　　　C. 强化阶段　　　　D. 颈缩阶段

（二）多项选择题

1. 目前我国钢筋混凝土结构中普遍使用的钢材有（　　　）。

A. 热轧钢筋　　　B. 冷拔低碳钢丝　　C. 钢绞线　　　　　　D. 热处理钢筋

E. 型钢

2. 碳素结构钢的质量等级包括（　　　）。

A. A 级　　　　　B. B 级　　　　　　C. C 级　　　　　　D. D 级

E. E 级

3. 预应力混凝土用钢绞线是以数根优质碳素结构钢钢丝经绞捻和消除内应力的热处理后制成。根据钢丝的股数，钢绞线分（　　　）类型。

A. 1×2　　　　　B. 1×3　　　　　　C. 1×5　　　　　　D. 1×7

E. 1×4

4. 经冷拉时效处理的钢材其特点是（　　　）进一步提高，塑性和韧性进一步降低。

A. 塑性　　　　　B. 韧性　　　　　　C. 屈服点　　　　　D. 抗拉强度

E. 焊接性

5. 钢材热处理的方法有（　　　）。

A. 退火　　　　　B. 正火　　　　　　C. 淬火　　　　　　D. 回火

E. 欠火

6. 钢材的冷弯性能指标用试件在常温下能承受的弯曲程度表示，区分弯曲程度的指标是（　　　）。

A. 试件被弯曲的角度　　　　　　B. 弯心直径

C. 试件厚度　　　　　　　　　　D. 试件直径

E. 弯心直径与试件厚度或直径的比值

7. 下列元素在钢材中哪些是有害成分（　　　）。

A. 氧　　　　　　B. 锰　　　　　　　C. 磷　　　　　　　D. 硫

E. 硅

（三）填空题

1. 建筑钢材按化学成分为_____和_____两大类。

2. 建筑钢材按质量不同分为_____、_____和_____三大类。

3. 建筑钢材按用途不同分为_____、_____和_____三大类。

4. 钢材按炼钢过程中脱氧程度不同可分为_____、_____、_____和_____四大类。

5. 钢材的主要性能包括_____性能和_____性能。

6. 钢材的工艺性能包括_____和_____。

7. 低碳钢从开始受力至拉断可分为四个阶段_____、_____、_____和_____。

8. 国家标准《碳素结构钢》（GB/T 700—2006）规定，钢的牌号由代表屈服点字母_____、_____、_____和_____四部分构成。

9. 热轧钢筋根据表面形状分为_____和_____。

10. 受动荷载作用结构、焊接结构及低温下工作的结构，不能选用_____质量等级钢和_____。

11. 衡量钢材拉伸性能的三个重要指标是_____、_____和_____。

12. 冷弯检验是按规定的_____和_____进行弯曲后，检查试件弯曲处外面及侧面不发生断裂、裂缝或起层，即认为冷弯性能合格。

13. 钢材在发生冷脆时的温度称为_____，其数值愈_____，说明钢材的低温冲击性能愈_____。所以在负温下使用的结构，应当选用脆性临界温度较工作温度为_____的钢材。

14. 已知某钢材的成分为含碳 0.35%，含硅 1.5%~2.5%，含锰 <1.5%，含钛 <1.5%。此钢的牌号为_____，它属于_____钢。

15. 结构设计时，软钢是以_____强度、硬钢是以_____强度，作为设计计算取值的依据。

（四）判断题

1. 钢材最大的缺点是易腐蚀。（　　）

2. 沸腾钢是用强脱氧剂，脱氧充分液面沸腾，故质量好。（　　）

3. 钢材经冷加工强化后其强度提高了，塑性降低了。（　　）

4. 钢是铁碳合金。（　　）

5. 钢材的强度和硬度随含碳量的提高而提高。（　　）

6. 质量等级为 A 的钢，一般仅适用于静荷载作用的结构。（　　）

7. 对于经常处于低温状态的结构，钢材容易发生冷脆断裂，特别是焊接结构更严重，因而要求钢材具有良好的塑性和低温冲击韧性。（　　）

8. 在钢中添加合金元素可以有效地防止或减少钢材的腐蚀。（　　）

9. 钢材防锈的根本方法是防止潮湿和隔绝空气。（　　）

10. 热处理钢筋因强度高，综合性能好，质量稳定，最适于普通钢筋混凝土结构。（　　）

11. 与沸腾钢比较，镇静钢的冲击韧性和焊接性较差，特别是低温冲击韧性的降低更为显著。（　　）

12. 钢材焊接时产生热裂纹，主要是由于含磷较多引起的，为消除其不利影响，可在炼钢时加入一定量的硅元素。（　　）

13. 钢材的回火处理总是紧接着退火处理后进行的。（　　）

14. Q235 是最常用的建筑钢材牌号。（　　）

15. 钢材冷拉后可提高其屈服强度和极限抗拉强度，而时效只能提高其屈服点。（　　）

（五）计算题

1. 有一碳素钢试件的直径 $d=20\text{mm}$，拉伸前试件标距为 $5d$，拉断后试件的标距长度为 125mm，求该试件的伸长率。

2. 从某建筑工地的一批钢筋中抽样，并截取两根钢筋做拉伸试验，测得结果如下：屈服点荷载分别为 42.4kN，41.5kN；抗拉极限荷载分别为 62.0kN，61.6kN。钢筋实测直径为 12mm，标距为 60mm，拉断时长度分别为 66.0mm，67.0mm。计算该钢筋的屈服强度，抗拉强度及伸长率。

第 8 章　防 水 材 料

一、学习指导

本章内容关系到建筑物的使用，影响到人们的生活质量，因此也比较重要。重点掌握石油沥青的性质特点，了解防水卷材、防水涂料的种类及特点。

二、重要知识点

1. 石油沥青的组分定义及三大组分的特点：在研究沥青的化学组成时，将其化学成分与物理性质相似而具有相同特征的部分划分成几个组，一组就是一个组分。三大组分是油分、树脂和地沥青质。三者受温度和时间影响可以互相转化，形成溶胶、凝胶或溶-凝胶结构。

2. 老化的概念：在外界温度、阳光、空气和水的作用下，沥青的组分不断演变，油分、树脂减少，地沥青质增多，因而流动性、塑性变差，脆性增大，变硬、脆裂、松散，失去防水防腐效果的现象。

3. 黏滞性的定义及指标——黏滞度和针入度。黏滞性指沥青在外力作用下抵抗变形或阻滞塑性流动的性能。

1）液体沥青的指标是黏滞度，黏滞度越大，黏滞性越大（越黏稠）。

2）固体、半固体（黏稠沥青）的指标是针入度，针入度越大，黏滞性越差（越稀薄）。针入度是划分牌号的主要依据。

4. 塑性的概念及指标——延伸度。塑性指沥青在外力作用下发生变形而不破坏，除去外力后仍保持变形后的形状的性质，是制成柔性防水材料、开裂后自愈合的原因。

塑性的指标是延伸度（延伸率），延伸度越大塑性越好。牌号相同的沥青，塑性越好，质量越好。

5. 温度稳定性的指标——软化点，测试方法——环球法。

温度稳定性是指沥青在黏弹性区域内，黏滞性随温度变化的性质。变化越大，稳定性越差。这是评价沥青质量的重要性质。

指标是软化点（和脆化点）。一般希望沥青有高软化点（和低脆化点）。软化点高则耐热，不易流淌。

6. 煤沥青和石油沥青的区别及鉴别：能溶于汽油的是石油沥青，溶解后成棕黑色液体；难溶于汽油的是煤沥青。

7. 了解防水卷材的种类及特点。

8. 防水卷材检测项目：拉伸性能及延伸率、不透水性、低温柔度、耐热度。

三、练习题

（一）名词解释

1. 组分

2. 老化

3. 温度稳定性

（二）填空题

沥青的牌号由_____决定，牌号越大，黏滞性越_____。沥青的温度稳定性用_____表示。

（三）单项选择题

1. 沥青的牌号划分主要是依据（　　）入度的大小确定的。

A. 延度　　　　B. 针入度　　　　C. 软化点　　　　D. 闪点

2. （　　）属于弹性体改性沥青防水卷材。

A. PU　　　　B. APP　　　　C. SBS　　　　D. PVC

3. SBS 卷材按胎基分为（　　）

A. PY、G　　B. G、PYG　　C. PY、M　　D. PY、G、PYG

4. 建筑石油沥青牌号的数值表示的是（　　）。

A. 针入度　　B. 软化点　　C. 延伸度　　D. 黏滞度

5. 油分、树脂、地沥青质是石油沥青的三大组分，长期在大气条件下三个组分是（　　）。

A. 固定不变　　B. 都在逐渐减少　　C. 互相转化　　D. 逐渐递变

（四）多项选择题

1. 建筑密封材料按状态主要有（　　）几大类。

A. 定型　　　　B. 单组分　　　　C. 双组分　　　　D. 非定型

E. 反应型

2. 下列关于沥青油毡的描述，正确的说法有（　　）。

A. 石油沥青纸胎油毡低温柔性差

B. 石油沥青玻璃布油毡胎体不易腐烂

C. 石油沥青麻布胎油毡胎体不易腐烂

D. 石油沥青铝箔胎油毡有较好的阻隔蒸汽渗透的能力

E. 石油沥青纸胎油毡低温柔性好

（五）简答题

1. 石油沥青的主要性能指标有哪些？

2. SBS 卷材和 APP 卷材的特点和适用范围？

3. 防水卷材抽样原则是什么？

第 9 章　其 他 材 料

一、学习指导

本节了解，了解保温材料的种类、标记、要求及物理性能。

二、重要知识点

1. 保温材料的分类：按照材质分为无机保温材料、有机保温材料、金属保温材料；按形态分为纤维状、微孔状、气泡状、层状。

2. 无机保温材料有岩棉、矿棉及制品，玻璃棉，膨胀珍珠岩及制品等。

3. 有机保温材料有聚苯颗粒、发泡聚苯板、挤塑聚苯板、聚氨酯硬质泡沫塑料（PV）、橡塑海绵保温材料。

4. 热塑性塑料与热固性塑料的区别：

1）热塑性塑料受热时软化或熔化，冷却后硬化定型，反复加热冷却仍保持这种性质的塑料。成型方便，机械性能好。耐热性和刚度差。

2）热固性塑料在加热时软化，冷却后固化成型，变硬后不能再加热软化的塑料。耐热，刚度高，但机械强度低。

5. 常用的热塑性塑料与热固性塑料的品种：

1）热塑性：聚乙烯（PE）、聚氯乙烯（PVC）、聚苯乙烯（PS）、聚甲基丙烯酸甲酯（PMMA）。

2）热固性：酚醛树脂、脲醛树脂。

三、练习题

（一）单项选择题

1. 下列材料中属于绝热材料的是（　　）。

A. 黏土砖 B. 石膏板 C. 岩棉 D. 松木

2. 不属于膨胀珍珠岩的特点是（　　）。

A. 保温 B. 防水 C. 吸声 D. 轻质

（二）多项选择题

无机保温材料有（　　）。

A. 岩棉及制品 B. 挤塑聚苯板（XPS） C. 膨胀珍珠岩

D. 硅藻土制品 E. 橡塑海绵保温材料

（三）简答题

1. 简述膨胀型聚苯板（EPS，模塑聚苯板）和挤塑型聚苯板（XPS）各自的特点。

2. 请回答热塑性塑料与热固性塑料的区别。

小测验2

班级＿＿＿＿＿＿　　　　学号＿＿＿＿＿＿　　　　姓名＿＿＿＿＿＿

一、填空题

1. 砌筑砂浆所掺外加料一般是＿＿＿＿＿＿或黏土膏，作用是＿＿＿＿＿＿、＿＿＿＿＿＿；所用的砂一般为＿＿＿＿＿＿砂，含泥量控制在＿＿＿＿＿内。

2. 砂浆的流动性用＿＿＿＿＿＿来表示，一般根据砌体类型确定。保水性用＿＿＿＿＿＿来表示，一般要求小于30mm。

3. 砂浆的强度等级是用立方体试件，标准养护＿＿＿＿d的平均抗压强度来确定。抗压强度越高，黏结强度越＿＿＿＿。

4. 测水泥强度等级时所用标准试件规格为＿＿＿＿×＿＿＿＿×＿＿＿＿；测混凝土等级所用标准试件边长为＿＿＿＿；测砂浆强度等级时所用标准试件边长为＿＿＿＿。（单位 mm）

5. 烧结普通砖的规格尺寸为＿＿＿＿×＿＿＿＿×＿＿＿＿，1m³ 的砖砌体需要用砖＿＿＿＿块。

6. 强度、抗风化性能合格的烧结普通砖，根据＿＿＿＿、外观质量、＿＿＿＿、石灰爆裂分为＿＿＿＿、一等品和合格品。砖的强度等级有＿＿＿＿、＿＿＿＿、＿＿＿＿、＿＿＿＿五级。

7. 随着含碳量增加，钢材的＿＿＿＿、＿＿＿＿增加，＿＿＿＿、＿＿＿＿下降。

8. 硫和磷是钢中的＿＿＿＿元素，硫的主要危害是使钢具有＿＿＿＿，磷的危害是使钢具有_____，影响加工成形。

9. 钢材能弯成的角度越_____，弯心直径越_____，冷弯性能越好。

10. 钢材结构设计依据是_____强度。

11. 钢号 Q235-B·F 代表_____结构钢。
钢号 25CrMnSi 代表_____结构钢。

12. 钢材的冷加工硬化是指钢材经常温加工后_____提高，_____下降的现象。

13. 沥青的三大组分是_____、_____和_____。

14. 沥青的塑性用_____来表示，其数值越大塑性越_____。

15. 沥青的牌号由_____决定，牌号越大，黏滞性越_____。沥青的温度稳定性用_____表示，用_____法测定。

16. 沥青的组分是指_____。

二、简答题

1. 简述抹面砂浆多层施工法各层的作用及特点。

2. 低碳钢拉伸可以分为哪几个阶段？强度指标和塑性指标各是什么？

3. 什么是沥青的老化？

三、计算题

钢材拉伸试验中记录试验结果如下：

拉伸前 $d_0 = 10\text{mm}$，$L_0 = 50\text{mm}$，拉伸后 $L_1 = 65\text{mm}$；屈服荷载 $F_s = 21\text{kN}$，极限荷载 $F_b = 34.6\text{kN}$，颈缩部位直径 $d_1 = 6.8\text{mm}$。求屈服强度 R_e 抗拉强度 R_m、断后伸长率 A 和断面收缩率 I。

综合练习题

一、单项选择题

1. 材料的吸湿性通常用（　　）表示。

A. 吸水率　　　　B. 含水率　　　　C. 抗冻性　　　　D. 软化系数

2. 下列关于石灰特性描述不正确的是（　　　）。

A. 石灰水化放出大量的热　　　　B. 石灰是气硬性胶凝材料

C. 石灰凝结快强度高　　　　D. 石灰水化时体积膨胀

3. 建筑石膏自生产之日算起，其有效储存期一般为（　　　）。

A. 3 个月　　　　B. 6 个月　　　　C. 12 个月　　　　D. 1 个月

4. 做水泥安定性检验时，下列说法错误的是（　　　）。

A. 水泥安定性检验有"饼法"和"雷氏法"两种

B. 两种试验结果出现争议时以雷氏法为准

C. 水泥安定性试验只能检验水泥中游离氧化钙的含量

D. 水泥安定性试验只能检验水泥中氧化镁的含量

5. 普通水泥中其混合材料的掺量为（　　　）。

A. 0 ~ 5%　　　　B. 6% ~ 15%　　　　C. 15% ~ 20%　　　　D. 大于 20%

6. 对于级配良好的砂子，下列说法错误的是（　　　）。

A. 可节约水泥　　　　B. 有助于提高混凝土的强度

C. 有助于提高混凝土的耐久性　　　　D. 能提高混凝土的流动性

7. 国家标准规定，混凝土立方体抗压强度以立方体试件在标准条件下养护 28d 时测定，该立方体的边长规定为（　　　）。

A. 200mm × 200mm × 200mm　　　　B. 150mm × 150mm × 150mm

C. 100mm × 100mm × 100mm　　　　D. 50mm × 50mm × 50mm

8. 下列外加剂中，能提高混凝土强度或者改善混凝土和易性的外加剂是（　　　）。

A. 早强剂　　　　B. 引气剂　　　　C. 减水剂　　　　D. 加气剂

9. 泵送混凝土其砂率与最小水泥用量宜控制在（　　　）。

A. 砂率 40% ~ 50% 最小水泥用量 ≥300kg/m³

B. 砂率 40% ~ 50% 最小水泥用量 ≥200kg/m³

C. 砂率 30% ~ 35% 最小水泥用量 ≥300kg/m³

D. 砂率 30% ~ 35% 最小水泥用量 ≥200kg/m³

10. 对于同一验收批砌筑砂浆的试块强度，当各组试块的平均抗压强度值大于设计强度等级值，其最小值应大于或等于（　　　）倍砂浆的设计强度等级值，可评为合格。

A. 0.50　　　　B. 0.60　　　　C. 0.65　　　　D. 0.75

11. 用于大体积混凝土或长距离运输混凝土的外加剂是（　　　）。

A. 早强剂　　　　B. 缓凝剂　　　　C. 引气剂　　　　D. 速凝剂

12. 砌筑砂浆宜采用（　　　）强度等级的水泥。

A. 低　　　　B. 中低　　　　C. 中高　　　　D. 高

13. 对于毛石砌体所用的砂，最大粒径不大于灰厚的（　　　）。

A. 1/3 ~ 1/4　　　　B. 1/4 ~ 1/5　　　　C. 1/5 ~ 1/6　　　　D. 1/6 ~ 1/7

14. 砂浆的流动性表示指标是（　　　）。

A. 针入度　　　　B. 沉入度　　　　C. 坍入度　　　　D. 分层度

15. 砂浆的保水性的表示指标是（　　）。

A. 针入度　　　　　B. 沉入度　　　　　C. 坍入度　　　　　D. 分层度

16. 水泥砂浆的分层度不应大于（　　）。

A. 0　　　　　　　B. 20　　　　　　　C. 30　　　　　　　D. 50

17. 砂浆强度试件的标准尺寸为（　　）。

A. 40mm×40mm×160mm　　　　　B. 150mm×150mm×150mm

C. 70.7mm×70.7mm×70.7mm　　　　D. 100mm×100mm×100mm

18. 砌砖用砂浆的强度与水灰比（　　）。

A. 成正比　　　　　B. 成反比　　　　　C. 无关　　　　　　D. 不能确定

19. 抹面砂浆通常分（　　）层涂抹。

A. 1~2　　　　　　B. 2~3　　　　　　C. 3~4　　　　　　D. 4~5

20. 抹面砂浆底层主要起（　　）作用。

A. 黏结　　　　　　B. 找平　　　　　　C. 装饰与保护　　　D. 修复

21. 潮湿房间或地下建筑，宜选择（　　）。

A. 水泥砂浆　　　　B. 混合砂浆　　　　C. 石灰砂浆　　　　D. 石膏砂浆

22. 建筑地面砂浆面层，宜采用（　　）。

A. 水泥砂浆　　　　B. 混合砂浆　　　　C. 石灰砂浆　　　　D. 石膏砂浆

23. 色浅、声哑、变形小且耐久性差的砖是（　　）。

A. 酥砖　　　　　　B. 欠火砖　　　　　C. 螺纹砖　　　　　D. 过火砖

24. 凡孔洞率小于15%的砖称（　　）。

A. 烧结普通砖　　　B. 烧结多孔砖　　　C. 烧结空心砖　　　D. 烧结页岩砖

25. 烧结普通砖的标准尺寸为（　　）。

A. 240mm×115mm×53mm　　　　　B. 190mm×190mm×90mm

C. 240mm×115mm×90mm　　　　　D. 100mm×120mm×150mm

26. 砌筑1m³烧结普通砖砌体，理论上所需砖块数为（　　）。

A. 512　　　　　　B. 532　　　　　　C. 540　　　　　　D. 596

27. 尺寸偏差和抗风化性能合格的烧结普通砖，划分质量等级的指标除泛霜、石灰爆裂外还有（　　）。

A. 强度　　　　　　B. 耐久性　　　　　C. 外观质量　　　　D. 物理性能

28. 钢材按（　　）划分为沸腾钢、半镇静钢及镇静钢。

A. 化学成分　　　　B. 冶炼炉型　　　　C. 用途　　　　　　D. 脱氧程度

29. 钢材拉伸过程中的第二阶段是（　　）。

A. 颈缩阶段　　　　B. 强化阶段　　　　C. 屈服阶段　　　　D. 弹性阶段

30. （　　）作为钢材设计强度。

A. 屈服强度　　　　B. 极限强度　　　　C. 弹性极限　　　　D. 比例极限

二、多项选择题

1. 关于材料的基本性质，下列说法正确的是（　　）。

A. 材料的表观密度是可变的

B. 材料的密实度和孔隙率反映了材料的同一性质

C. 材料的吸水率随其孔隙率的增加而增加

D. 材料的强度是指抵抗外力破坏的能力

E. 材料的弹性模量越大，说明材料越不易变形

2. 建筑石膏制品具有（　　）等特点。

A. 强度高　　　　B. 质量轻　　　　C. 加工性能好　　　D. 防火性较好

E. 防水性好

3. 对于硅酸盐水泥下列叙述错误的是（　　）。

A. 现行国家标准规定硅酸盐水泥初凝时间不早于 45min 终凝时间不迟于 10h

B. 不适宜大体积混凝土工程

C. 不适用配制耐热混凝土

D. 不适用配制有耐磨性要求的混凝土

E. 不适用早期强度要求高的工程

4. 在水泥的贮运与管理中应注意的问题是（　　）。

A. 防止水泥受潮

B. 水泥存放期不宜过长

C. 对于过期水泥作废品处理

D. 严防不同品种不同强度等级的水泥在保管中发生混乱

E. 坚持限额领料杜绝浪费

5. 某工地施工员拟采用下列措施提高混凝土的流动性，其中可行的措施是（　　）。

A. 加氯化钙　　　B. 加减水剂　　　C. 保持水灰比不变，适当增加水泥用量

D. 多加水　　　E. 调整砂率

6. 为提高混凝土的耐久性可采取的措施是（　　）。

A. 改善施工操作，保证施工质量　　　B 合理选择水泥品种

C. 控制水灰比　　　D. 增加砂率　　　E. 掺引气型减水剂

7. 对于砌筑砂浆下列叙述错误的是（　　）。

A. 砂浆的强度等级以边长为 150mm 的立方体试块在标准养护条件下养护 28d 的抗压强度平均值确定

B. 砂浆抗压强度越高，它与基层的黏结力越大

C. 水泥混凝土砂浆配合比中，砂浆的试配强度按 $f_{mo}=f_{设}+1.645\delta_{计算}$

D. 砌筑在多孔吸水底面砂浆，其强度大小与水灰比有关

E. 砂浆配合设计中水泥的用量不得低于 200kg/m³

8. 对于加气混凝土砌块，下列说法正确的是（　　）。

A. 具有良好的保温隔热性能

B. 耐久性好

C. 加工方便

D. 可用于高层建筑框架结构填充墙

E. 可用于高温度和有侵蚀介质的环境中

9. 钢筋的拉伸性能是建筑钢材的重要性能，由拉伸试验测定的重要技术指标包括（　　）。

A. 拉伸率　　　　B. 抗拉强度　　　　C. 韧性　　　　D. 弯曲性能

E. 屈服强度

10. 确定石油沥青主要技术性质所用的指标包括（　　）。

A. 针入度　　　　B. 大气稳定性　　　C. 延伸度　　　　D. 软化点

E. 溶解度

三、计算题

1. 已知卵石的密度为 2.6g/cm³，把它装入一个 2m³ 的车厢内，装平时共用 3500kg。求该卵石此时的空隙率为多少？若用堆积密度为 1500kg/cm³ 砂子，填入上述车内卵石的全部空隙，共需砂子多少 kg？

2. 某泥混凝土实验室配合比为 1:2.1:4.0 水灰，水灰比为 0.60，实测混凝土的表观密度为 2410kg/cm³，求 1m³ 混凝土中各种材料的用量。

四、简答题

1. 水泥验收检验过程中，仲裁检验如何进行？

2. 某混凝土搅拌站原使用砂的细度模数为 2.5，后改用细数模数为 2.1 的砂。改砂后原混凝土配方不变，后发现混凝土坍落明显变小，请分析原因。

前　言

　　建筑业是我国国民经济的支柱产业之一。随着全国城市建设进程的加快、基础设施建设的加强，我国急需大量具备一定专业技能的建设者，这为职业教育建筑专业的发展提供了新的机遇。

　　目前我国职业教育建筑专业所用的教材，大多偏重于理论知识的传授，内容偏多、偏深，缺少图片实例，直观性不强；而职业学校学生文化基础相对薄弱，对接受一些公式、计算、理论分析较为吃力；随着建筑行业新技术、新产品的出现，新标准、新规范的颁布实施，很多教材已不能适应现行国家标准及行业需求。

　　本书由长期担任建筑材料及建筑工程施工、结构识图等教学的老师组成团队进行编写，面向建筑施工一线管理、技术和操作岗位，旨在培养能从事施工操作、材料检测，担任施工员、材料员、试验员，进而担任技术负责人、检测主管、材料主管、建造师等中高级技术人才。

　　本书的编写体现了以下特点：

　　1. 符合现行规范和标准；

　　2. 知识浅显易懂，理论阐述简洁够用；

　　3. 图片、表格丰富翔实，彩色印刷，直观形象，可提高学生兴趣，降低教学难度，特别适用职教学生；

　　4. 单列出主要材料检测的内容，突出操作技能要求。

　　本书由全国一级注册建造师河北城乡建设学校高级讲师尚敏任主编，全国注册监理师崔葛芹任副主编，王磊负责绪论的编写，崔葛芹负责第 1～2 章的编写，高欣欣负责第 3 章的编写，尚敏负责第 4 章、第 7 章、第 9 章 9.2 节的编写，陈鸿瑾负责第 5 章的编写，郝哲负责第 6 章和第 9 章 9.3 节的编写，刘晓立负责第 8 章和第 9 章 9.1 节的编写，河北省建筑专家评委、全国造价师、监理师、一级建造师、咨询师李勇利提供材料检测报告单。全书由具有丰富教学和工程经验的全国一级注册结构师、一级注册建造师、河北省评标专家、正高级讲师孙翠兰和全国一级注册结构师赵天雨担任顾问和主审。

　　由于编者水平有限，书中的缺点和错误在所难免，敬请专家和读者提出宝贵意见。

编　者

目　录

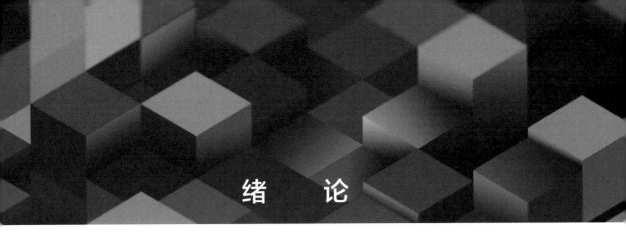

绪　　论

　　建筑材料是建筑工程的物质基础，材料费用一般占建筑工程总造价的 50%~70%。建筑材料的性能、质量和价格直接关系到建筑产品的适用性、安全性、经济性、美观性和耐久性。经济合理地使用建筑材料，减少浪费和损失，可以降低工程造价，提高经济效益。

　　建筑材料指构成建筑物和构筑物本身的材料，从建造建筑物地基、基础、梁、板、柱、墙体、屋面、地面以及装饰工程等所用的材料，如图 0-1 所示。

1. 建筑材料的分类（表 0-1）

表 0-1　建筑材料的分类

分　　类			实　　例
按成分和组织结构分	无机材料	非金属材料	
		天然石材	毛石、料石、石板、装饰石材、碎石、卵石、砂
		烧土制品	黏土砖、黏土瓦、陶器、炻器、瓷器
		玻璃等熔融制品	玻璃、铸石、琉璃、玻璃棉、矿棉
		胶凝材料	石膏、石灰、菱苦土、水玻璃、各种水泥
		砂浆及混凝土	砌筑砂浆、抹面砂浆、特种砂浆、普通混凝土、轻骨混凝土
		硅酸盐制品	灰砂砖、硅酸盐砌块
		金属材料	黑色金属	生铁、碳素钢、合金钢等
		有色金属	铜及铜合金、铝及铝合金等
	有机材料	植物质材料	木材、竹材、植物纤维及制品
		沥青材料	石油沥青、改性沥青等
		合成高分子材料	塑料、橡胶、胶黏剂、有机涂料
	复合材料	金属-非金属	钢筋混凝土、钢纤维混凝土、钢丝网水泥
		无机非金属-有机	聚合物混凝土、沥青混凝土、玻璃钢
		金属-有机	铝塑复合板、铝塑复合管、金属夹芯板、舒乐舍板
按功能分	结构材料（梁、板、柱、基础、楼梯等）		钢材、砖、石材、混凝土、木材
	围护材料（外墙、外门窗）		砖、砌块、墙板、瓦、混凝土、塑钢门窗、断桥铝门窗
	功能材料		防水材料、装饰材料、保温隔热材料、吸声隔声材料、采光材料

2. 建材的发展

（1）发展历史

建筑材料伴随着生产力发展而发展。

1）原始时代，使用天然材料：木材、岩石、竹、黏土，大兴土木、土木工程专业这些

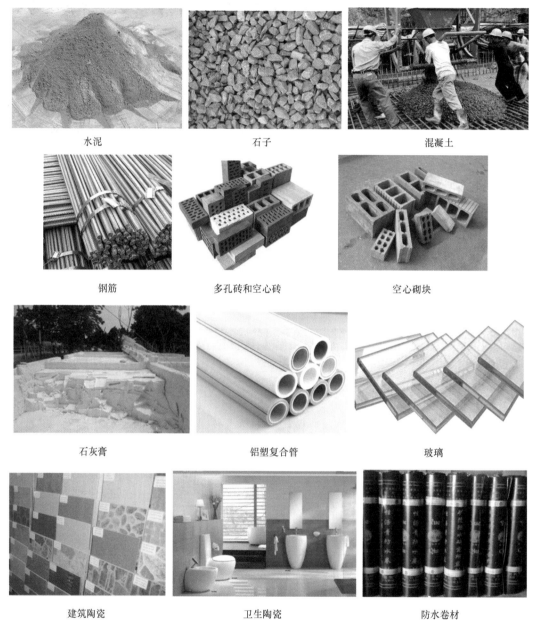

水泥　　　　　　石子　　　　　　混凝土

钢筋　　　　多孔砖和空心砖　　　空心砌块

石灰膏　　　　铝塑复合管　　　　玻璃

建筑陶瓷　　　　卫生陶瓷　　　　防水卷材

图 0-1　各种建筑材料

名词来源于此。

2）在石器、铁器时代，多用石材、石灰、石膏等。古代劳动人民利用这些材料建造了很多至今仍令人叹为观止的世界遗产。金字塔（公元前 3000 年 ~ 公元前 2000 年）采用石材、石灰、石膏，万里长城（公元前 200 年）采用条石、大砖、石灰砂浆，布达拉宫（七世纪中叶）采用石材、石灰砂浆，赵州桥采用石材，五台山寺院（公元 58 ~ 公元 75）采用木材、石材等，如图 0-2 所示。

3）封建社会，多采用砖瓦结构，如秦砖汉瓦。

4）18 世纪中叶，多用钢材、水泥（J. Aspdin，1824 年获得"波特兰水泥"专利证书）。

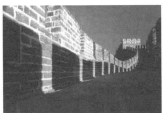

图 0-2 著名古代建筑欣赏

5）19 世纪，多用钢筋混凝土。

6）20 世纪，多用预应力混凝土、高分子材料，高层和大跨建筑如雨后春笋，如图 0-3 所示。

7）21 世纪，多用轻质、高强、节能、高性能绿色建材。

（2）发展趋势（如图 0-4 所示）

建筑材料向高性能、绿色环保方向发展。

1）高性能材料：轻质、高强、多功能、更耐久、美观。

2）绿色材料：低资源消耗、低能耗、变废为宝、综合利用、多功能。

3. 各类标准及代号

建筑材料的技术标准是材料生产、使用和流通过程中单位检验，确定产品质量是否合格的技术文件。其主要内容有产品规格、分类、技术要求、检验方法、验收规则、包装及标志、运输与储存等。

我国建筑材料的技术标准分为国家标准、行业标准、地方标准、企业标准等四级，分别由相应的标准化管理部门批准并颁布，如图 0-5 和表 0-2 所示。

表 0-2 各级标准代号

级 别	代 号	实 例
国家标准	强制性：GB，推荐性：GB/T	《通用硅酸盐水泥》（GB 175—2007）、《建筑用卵石、碎石》（GB/T 14685—2011）、《混凝土质量控制标准》（GB 50164—2011）
行业标准	建设部行业标准：JGJ、国家建材局行业标准：JC	《普通混凝土配合比设计规程》（JGJ 55—2011）
地方标准	加上代表地区的编号：DB	《上海建筑工程消防施工质量验收规范》（DGJ/T 08—2177—2015）
企业标准	QB	《××市××公司玻璃钢门窗企业标准》

上海中心大厦

迪拜哈利法塔

珠港澳大桥

胶东湾大桥

中国中央电视台大楼

中国科技馆球幕影院

图 0-3　各种结构类型的现代建筑

4. 课程内容

主要研究建筑材料的三大基本内容：①构造组成；②物理、力学性能、技术标准；③质量检验、应用验收、保管。最重要的章节为混凝土；重要章节为水硬性胶凝材料、建筑钢材；较重要章节为气硬性胶凝材料、砂浆、墙体材料、防水材料，其他材料简单了解。

5. 学习方法

建筑材料课程与文化基础课相比，有以下方法：①对比各种材料，查找其共性与个性；②理论联系实际；③以科学求实的态度进行试验；④关注新技术、新规范、新材料。

6. 见证取样制度

见证取样和送检，是在工程监理单位人员的见证下，由施工单位的现场取样人员对工程涉及结构安全的试块、试样和材料在现场取样，并送至经过省级以上建设行政主管部门对其

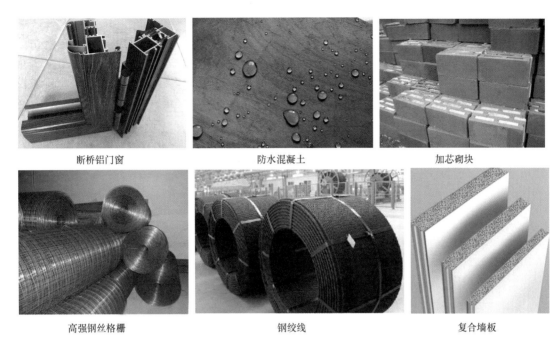

| 断桥铝门窗 | 防水混凝土 | 加芯砌块 |

| 高强钢丝格栅 | 钢绞线 | 复合墙板 |

图 0-4　高性能与绿色建材

图 0-5　各级标准

资质认可和质量技术监督部门对其认证的质量检测单位进行检测。这是保证试件、试样具有真实性和代表性的重要途径。

以下试块、试样和材料必须实行见证取样和送检：

1）用于承重结构的混凝土试块。

2）用于承重墙体的砌筑砂浆试块。

3）用于承重结构的钢筋及连接接头试件。

4）用于承重墙体的砖和混凝土小型砌块。

5）用于拌制混凝土和砌筑砂浆的水泥。

6）用于承重结构的混凝土中使用的掺加剂。

7）地下、屋面、厨浴间使用的防水材料。

8）国家规定必须实行见证取样和送检的其他试块、试样和材料。

第 1 章

建筑材料的基本性质

【技能目标】

能正确合理地选择建筑材料，并正确地应用到建筑工程中。

【知识目标】

掌握材料的基本性质，掌握外界因素对材料性质和性能的影响。

【情感目标】

培养自身自主学习、合作探究和语言表达的能力，使自身素养得到全面提高。

　　建筑要承受各种作用，这就要求建筑材料要具有所需要的基本性质。如受到外力作用，材料应有相应的力学性质；受到自然界中阳光、空气、雨淋、冰冻和水的作用，材料应能承受温湿度变化、冻融循环等破坏；在建筑不同部位使用中要求具有防水、绝热、隔声、吸声等性能；工业建筑还可能要求具有耐热、耐腐蚀等性能。所以在工程设计和施工中，必须充分了解和掌握材料的性质和特点，才能合理地选择和正确使用建筑材料。

　　建筑材料的主要性质和指标见表 1-1。

表 1-1　建筑材料的主要性质和指标

建筑材料的基本性质	物理性质	与质量有关的性质	实际密度、表观密度、堆积密度	ρ、ρ_0、ρ_0'
			密实度和孔隙率	D、P
			填充率和空隙率	D'、P'
		与水有关的性质	亲水性和憎水性	润湿角 θ
			吸水性	$W_质$、$W_体$
			吸湿性	含水率 $W_含$
			耐水性	软化系数 $K_软$
			抗冻性	抗冻等级
			抗渗性	抗渗等级
		与热有关的性质	导热性	导热系数 λ
			热容量	比热 C
			热变形性（热胀冷缩）	线膨胀系数 α
	力学性质	抗破坏能力	强度	f（拉、压、弯、剪）
		变形表现	弹性与塑性	
	耐久性	综合性质	抗冻性、抗渗性、抗蚀性、大气稳定性、耐磨性、抗老化性、耐热性	抗冻等级

1.1 材料的物理性质

1.1.1 与质量有关的性质

在土木建筑工程中，计算材料用量、构件自重、配料计算以及确定堆放空间时经常要用到材料的密度、表观密度和堆积密度等数据。常用建筑材料密度、表观密度及堆积密度见表 1-2。

表 1-2 常用建筑材料密度、表观密度及堆积密度

材　　料	密度 ρ/(g/cm^3)	表观密度 ρ_0/(kg/m^3)	堆积密度 ρ_0'/(kg/m^3)
石灰岩	2.60	1800 ~ 2600	—
花岗岩	2.80	2500 ~ 2800	—
碎石（石灰岩）	2.60	—	1400 ~ 1700
砂	2.60	—	1450 ~ 1650
黏土	2.60	—	1600 ~ 1800
普通黏土砖	2.50	1600 ~ 1800	—
黏土空心砖	2.50	1000 ~ 1400	—
水泥	3.10	—	1200 ~ 1300
普通混凝土	—	2000 ~ 2800	—
轻骨料混凝土	—	800 ~ 1900	—
木材	1.55	400 ~ 800	—
钢材	7.85	7850	—
泡沫塑料	—	20 ~ 50	—

1. 实际密度（ρ）

定义：实际密度是指材料质量与其绝对密实体积（无孔隙的体积）之比。

公式
$$\rho = \frac{m}{V}$$

式中　ρ——实际密度（g/cm^3 或 kg/m^3）；

　　　m——材料在干燥状态下的质量（g 或 kg）；

　　　V——材料在绝对密实状态下的体积（cm^3 或 m^3）。

密实体积测法：将材料磨细成粉（粒径小于 0.2mm）装入比重瓶（图 1-1）排出的液体容量即密实体积。

注意：绝对密实状态下的体积，不包括孔隙体积，指材料固体物质所占体积。

2. 表观密度（ρ_0）

定义：表观密度是指多孔固体材料质量与其表观体积（包括孔隙的体积）之比。

公式
$$\rho_0 = \frac{m}{V_0}$$

式中　ρ_0——表观密度（g/cm^3 或 kg/m^3）；

　　　m——材料的质量（g 或 kg）；

　　　V_0——材料的表观体积（cm^3 或 m^3）。

表观体积测法：对外形规则的材料，如烧结砖或砌块等（图 1-2），其几何体积即为表

图 1-1　比重瓶

观体积；对外形不规则的材料，可用蜡封法封闭空隙，然后用排液法（图1-3）测定体积，如石材等材料。

注意：表观体积是指包含材料内部孔隙的体积。孔隙体积指材料本身的开口孔、裂口或裂纹以及封闭孔或孔洞所占的体积。

烧结砖　　　　　　　　　砌块

图1-2　外形规则材料

石子称重　　　　　水、容器称重　　　　石子、水、容器称重

图1-3　石子排液法

3. 堆积密度（ρ_0'）

定义：堆积密度是指松散颗粒状、粉末状、纤维状材料在自然堆积状态下，单位体积的质量。

公式

$$\rho_0' = \frac{m}{V_0'}$$

式中　ρ_0'——堆积密度（g/cm^3 或 kg/m^3）；

m——材料的质量（g 或 kg）。

V_0'——材料的堆积体积（cm^3 或 m^3）。

研究对象：散粒状（粉末、颗粒、纤维）材料（图1-4）。

如图1-5所示为砂的堆积密度试验。堆积密度反映散粒结构材料堆积的紧密程度及材料可能的堆放空间。

实际密度、表观密度和堆积密度三者关系：$\rho \geqslant \rho_0 > \rho_0'$，表1-3为三大密度对比。

| 粉末 | 颗粒 | 纤维 |

图 1-4　散粒状材料

| 容器称重 | 装入砂 | 直尺刮平 | 称重 |

图 1-5　砂堆积密度试验

表 1-3　三大密度对比

名　称	符号	定义（状态）	体　积	测　法	公　式
表观密度	ρ_0	多孔固体、自然状态	固体实体积 + 内部孔隙体积 $V_0 = V + V_{孔隙}$	规则：计算几何体积 不规则：蜡封孔隙排液法	$\rho_0 = m/V_0$
实际密度	ρ	绝对密实状态	固体的实体积 V	磨细成粉 再排水	$\rho = m/V$
堆积密度	ρ_0'	容器内堆积状态	固体实体积 + 内部孔隙体积 + 粒间空隙体积 $V_0' = V + V_{孔隙} + V_{空隙}$	在容器内堆满容积	$\rho_0' = m/V_0'$

4. 密实度与孔隙率

（1）密实度（D）

定义：密实度是指材料自然的表观体积内，固体体积占总体积的比例。密实度是反映材料的致密程度，D 越接近 1，材料越密实。

公式
$$D = \frac{V}{V_0} \times 100\% = \frac{\rho_0}{\rho} \times 100\%$$

（2）孔隙率（P）

定义：孔隙率是指材料体积内，孔隙体积占总体积的百分率。

公式
$$P = \frac{V_0 - V}{V_0} \times 100\% = \left(1 - \frac{V}{V_0}\right) \times 100\% = \left(1 - \frac{\rho_0}{\rho}\right) \times 100\%$$

例如：某红砖密度为 $2500kg/m^3$，表观密度为 $2000kg/m^3$，则密实度 $D = 80\%$，孔隙率 $P = 20\%$。

密实度与孔隙率的关系为

$$D + P = 1$$

密实度与孔隙率均反映了材料的致密程度。材料的很多性能如强度、吸水性、耐久性以及导热性等均与之有关。孔隙率的大小及孔隙特征对材料的性质影响很大。孔隙率越大，材料越疏松。孔隙特征是指孔隙的种类（开口孔与闭口孔）、孔径的大小（微孔、细孔、大孔）及孔的分布情况等，密实度与孔隙率对比见表1-4。

表1-4 密实度与孔隙率对比

性　　质	定　　义	公　　式	两者关系	对性质的影响
密实度（D）	材料体积内固体体积占总体积的比例	$D = V/V_0$ $= \rho_0/\rho$	（1）$D + P = 1$ （2）反映密实程度（通常采用孔隙率来表示），分析的是多孔固体	P 越大，越疏松，强度越低，保温性越好
孔隙率（P）	材料体积内孔隙体积占总体积的比例	$P = (V_0 - V)/V_0$ $= 1 - \rho_0/\rho$		

5. 填充率与空隙率

（1）填充率（D'）

定义：填充率是指颗粒（如砂子或石子）或粉状材料在堆积体积内，被颗粒材料所填充的程度。

公式
$$D' = \frac{V_0}{V_0'} \times 100\% = \frac{\rho_0'}{\rho_0} \times 100\%$$

（2）空隙率（P'）

定义：空隙率是指颗粒（如砂子或石子）或粉状材料在堆积体积内，颗粒之间的空隙体积所占总体积的百分率。

公式
$$P' = \left(1 - \frac{\rho_0'}{\rho_0}\right) \times 100\%$$

即
$$D' + P' = 1$$

两者从不同侧面反映散粒材料的颗粒间相互填充的致密程度。空隙率可作为控制混凝土骨料级配与计算含砂率的依据。

1.1.2 与水有关的性质

水对于正常使用阶段的建筑材料，绝大多数都有不同程度的有害作用。但在建筑物使用过程中，材料又不可避免会受到外界雨、雪、地下水和冻融等作用，故要特别注意建筑材料和水有关的性质，包括材料的亲水性和憎水性，以及材料的吸水性、吸湿性、抗冻性和抗渗性等。

1. 亲水性与憎水性

定义：亲水性是指材料在空气中与水接触时能被水润湿的性质。憎水性是指材料在空气中与水接触时不能被水润湿的性质。

与水接触时，能被水润湿的材料为亲水性材料，不能被水润湿的为憎水性材料。根据润湿角 θ 的大小来判定：$\theta \leqslant 90°$ 为亲水性，否则为憎水性，如图 1-6 所示。水在亲水性材料表面可以铺展开，且能通过毛细管作用自动进入材料内部；憎水性材料则相反。可以利用憎水性材料作为防水防潮材料，或保护亲水性材料。如 SBS 防水卷材，可以用于屋面防水，也可用于厨房卫生间的地面防水；打蜡可以保护木地板、地砖；油漆可用于保护木器等。

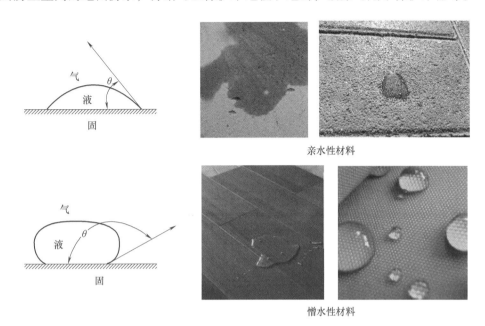

图 1-6　亲水性与憎水性材料对比

2. 吸水性与吸湿性

（1）吸水性（$W_{\text{质}}$、$W_{\text{体}}$）

定义：吸水性是指材料在水中能吸收水分的性质。用吸水率表示，包括质量吸水率 $W_{\text{质}}$ 与体积吸水率 $W_{\text{体}}$。

质量吸水率 $W_{\text{质}}$：材料在吸水饱和时，所吸水的质量占材料干质量的百分率。

公式

$$W_{\text{质}} = \frac{m_{\text{湿}} - m_{\text{干}}}{m_{\text{干}}} \times 100\%$$

式中　$W_{\text{质}}$——材料的质量吸水率（%）；

$m_{\text{湿}}$——材料吸水饱和后的质量（g）；

$m_{\text{干}}$——材料烘干至恒重的质量（g）。

体积吸水率 $W_{\text{体}}$：材料在吸水饱和时，所吸水的体积占干燥材料自然体积的百分率。

体积吸水率与质量吸水率存在如下关系

$$W_{\text{体}} = W_{\text{质}} \rho_0 \approx P_{\text{开}}$$

式中　ρ_0——表观密度；

$P_{\text{开}}$——开口孔隙率。

表观密度的单位是 g/cm^3。材料的开口孔隙能吸收水分，开口孔隙率约等于体积吸水率，本公式常用到。

材料的吸水性，不仅取决于材料属于亲水性还是憎水性，还取决于孔隙率的大小和孔隙特征。开口且连通的细小孔隙越多，吸水性越强。闭口孔隙，水分不容易进入；开口的粗大孔隙，水分容易进入，但不能留存，故吸水性较小。各种材料的吸水性差别很大，如花岗岩类致密岩石的吸水率仅为 $0.2\% \sim 0.7\%$，普通混凝土为 $2\% \sim 3\%$，黏土砖为 $8\% \sim 20\%$，木材或其他轻质材料的吸水率可达 100% 以上。

对于轻质材料，如软木、加气混凝土或膨胀珍珠岩（图 1-7）等，质量吸水率往往超过 100%，因此采用体积吸水率表示。其他材料，一般采用质量吸水率表示。例如：膨胀珍珠岩表观密度 $\rho_0 = 0.075 \mathrm{g/cm^3}$，质量吸水率 $W_质 = 400\%$，体积吸水率 $W_体 = 30\%$。

软木　　　　　　　　　　加气混凝土　　　　　　　　　膨胀珍珠岩

图 1-7　轻质材料

材料的吸水性会对其产生不良影响。如材料吸水后，自重增加，体积膨胀，强度降低，保温性降低，耐久性降低。

（2）吸湿性（$W_含$）

定义：吸湿性是指材料在潮湿的空气中，吸收空气中水分的性质。用含水率 $W_含$ 表示。含水率（$W_含$）指材料所含水的质量占材料干燥质量的百分数。

公式
$$W_含 = \frac{m_含 - m_干}{m_干} \times 100\%$$

式中　$W_含$——材料的含水率（%）；

　　　$m_含$——材料含水时的质量（g）；

　　　$m_干$——材料烘干至恒重的质量（g）。

材料含水率的大小，除与本身特征有关外，还与周围环境的温度和湿度有关。气温越低，相对湿度越大，材料含水率也越大。材料既能吸收水分，也能向外界蒸发水分，称为"呼吸"特性。最后与空气湿度达到平衡时的含水率称为平衡含水率。

3. 耐水性（$K_软$）

定义：耐水性是指材料长期在饱和水作用下不被破坏，强度也不显著降低的性质。用软化系数 $K_软$ 表示。

公式
$$K_软 = \frac{f_饱}{f_干}$$

式中　$K_软$——材料的软化系数；

　　　$f_饱$——材料在水饱和状态下的抗压强度（MPa）；

　　　$f_干$——材料完全干燥状态下的抗压强度（MPa）。

软化系数的取值范围在 $0 \sim 1$ 之间，其值越大，表明材料的耐水性越好。长期处于水中或潮湿环境的重要建筑物或构筑物（图1-8），必须选用软化系数大于0.85的材料。用于受潮湿较轻或次要结构的材料，则软化系数不宜小于0.70。通常认为软化系数大于0.85的材料是耐水性材料。

图1-8　水中建筑物

4. 抗冻性

定义：抗冻性是指材料在吸水饱和状态下，经多次冻结和融化作用（冻融循环）而不被破坏，同时也不严重降低强度的性质。

用抗冻等级表示，如$F10$、$F15$、$F25$、$F50$、$F100$等，$F15$的含义是材料能承受15次冻融循环。材料的冻融循环次数越高，则材料的抗冻性能越好。

材料吸水饱和，在$-15℃$冻结，再在$20℃$水中融化，称为一次冻融循环。经过规定次数的反复循环后，质量损失不大于5%，强度损失不超过25%，通常被认为是抗冻材料。

一般来说，密实的材料、具有闭口孔隙且强度较高的材料，具有较强的抗冻能力。常处于水位变化的季节性冰冻地区的建筑，尤其是冬季气温达到$-15℃$的地区，所用材料一定要进行抗冻性试验。材料的冻融循环破坏如图1-9所示。

桥梁冻融破坏　　　　　　　　　　　　　　　　桥墩冻融破坏

图1-9　冻融循环破坏

5. 抗渗性

定义：抗渗性是指材料抵抗水或油等液体压力作用渗透的性质。

抗渗性用抗渗等级P表示，如$P8$表示能承受0.8MPa水压而无渗透。

压力水的渗透，会影响工程的使用，破坏材料，降低耐久性。抗渗性与材料的孔隙率和孔隙特征有关。孔隙率小且是封闭孔隙的材料抗渗性较高。对于地下建筑、外墙或水工建筑，因常受到水的作用，所以要求材料具有一定的抗渗性。

1.1.3 与热有关的性质

在建筑中，为了降低建筑物的使用能耗，以及为生产和生活创造适宜的条件，常要求材料具有一定的热性质，以维持室内温度。常考虑的热性质有材料的导热性、热容量和热变形性等，常见材料的热性质见表1-5。

表1-5 常用材料的热性质

材 料 名 称	导热系数/[W/(m·K)]	比热/[J/(g·K)]	线膨胀系数/(1/K)
钢材	58.20	0.48	1.2×10^{-5}
铝合金	203.00	0.90	23×10^{-6}
普通混凝土	1.28	0.92	$(10 \sim 14) \times 10^{-6}$
钢筋混凝土	1.74	0.92	—
烧结多孔砖	0.58	1.05	5.2×10^{-6}
加气混凝土砌块	0.16	1.05	—
花岗岩	3.49	0.92	$<4.61 \quad 8 \times 10^{-6}$
大理石	2.91	0.92	—
挤塑聚苯板	0.03	1.47	—
聚苯乙烯	0.03	1.34	—
SBS（APP）防水卷材	0.23	1.62	—
合成高分子防水卷材	0.15	1.14	—
玻璃	0.76	0.84	$(4 \sim 11.5) \times 10^{-6}$
水	0.50	4.20	—
空气	0.023	1.40	—

1. 导热性

定义：导热性是指当材料两面存在温差时，热量由温度高的一侧传至温度低的一侧的性质。导热性的大小用导热系数 λ 表示。

导热系数 λ 的物理意义：在稳定传热条件下，1m 厚的材料，两侧表面的温差为1°（K，℃），在 1s 内，通过 1m² 面积传递的热量，单位为瓦/米·度 [W/(m·K) 或 W/(m·℃)]。

对于外墙和屋盖等围护结构，希望尽量减少热量的传导，夏季要防止室外热量进入室内可以称为隔热，冬季防止室内热量的散失可以称为保温（图1-10）。

图1-10 外墙和屋顶的保温隔热

导热系数是评定建筑材料保温隔热性能的重要指标。一般情况下，材料的导热系数在

0.035～3.5W/(m·K) 之间，导热系数 λ 越小，保温隔热效果越好。通常将 λ 小于 0.23 的材料称为绝热材料。导热系数与材料成分、内部孔隙构造、表观密度和含水率等有关。由于密闭空气的导热系数 [$\lambda = 0.0233$W/(m·K)] 很小，所以材料的孔隙率较大者导热系数较小。材料受潮或受冻后，其导热系数会大大提高，这是由于水和冰 [分别为 0.58W/(m·K) 和 2.20 W/(m·K)] 的传热系数比空气的高很多。因此，绝热材料应防潮防冻，处于干燥状态，以利于发挥材料的绝热效能。

2. 热容量

定义：热容量是指材料加热时吸收热量，冷却时放出热量的性质。用比热 C 表示。

比热 C 的物理意义：指单位质量（1kg）的材料，温度每升高（或降低）1K，所吸收（或放出）的热量。

比热大的材料有利于建筑物内部温度稳定。木材比热大，适宜作为装饰装修材料。水的比热大，冬季，作为暖气的介质，持续散热；夏季，泳池、水枕、水坐垫等，持续吸热。在冷气开放和采暖供热室内出现温度波动时，能缓和温度变化。

在有隔热保温要求的工程中，应尽量选用比热大、导热系数小的材料。

3. 热变形性（热胀冷缩）

定义：热变形性是指温度升高或降低时材料膨胀或收缩的性质，常用线膨胀系数 a 表示。

线膨胀系数是指在一定温度范围内材料由于温度上升或下降 1K，所引起的长度增长或缩短的值，用于计算材料在温度变化时引起的变形以及温度应力等。土木工程中要求材料的热变形不要太大。例如，平面较长的建筑物，为了避免热胀冷缩引起破坏，要设温度缝（即伸缩缝），如图 1-11 所示。

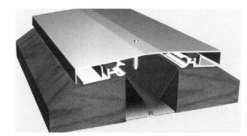

墙体伸缩缝　　　　　　　　　　　屋顶伸缩缝

图 1-11　伸缩缝

1.2　材料的力学性质

材料的力学性质主要是指材料在外力（荷载）作用下，抵抗破坏和变形的性质。

1.2.1　材料的强度

定义：材料的强度是指外力（荷载）的作用下材料抵抗破坏的能力。

材料在建筑物上所受外力，主要有拉力、压力、弯曲、剪力和扭转等，如图 1-12 所示。材料抵抗这些外力破坏的能力，分别称抗拉强度、抗压强度、抗弯强度、抗剪强度、抗扭强度。

抗弯强度的计算与截面形状、外力作用点和作用形式有关，略微复杂一点。

抗拉、抗压、抗剪强度的公式为

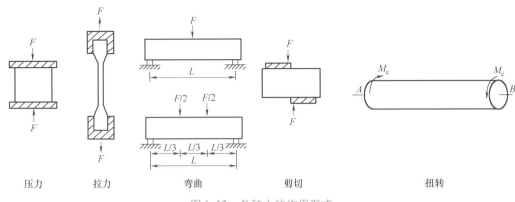

| 压力 | 拉力 | 弯曲 | 剪切 | 扭转 |

图 1-12　各种力的作用形式

$$f = \frac{F}{A}$$

式中　f——材料的强度（MPa）；

　　　F——破坏荷载（N）；

　　　A——受荷面积（mm^2）。

　　材料的强度与材料的组成及构造有关。一般情况下，孔隙率越大，材料越疏松，则强度越低。材料一般都要按强度值的大小来划分标号或强度等级，使生产者和使用者有据可依，各类标准中对测法以及如何评定分级都有明确规定。如：水泥 32.5 至 62.5R；混凝土 C15 至 C80；砖 MU10 至 MU30；砂浆 M5 至 M30；普通碳素钢 Q195 至 Q275。

1.2.2　材料的弹性与塑性

1. 弹性

　　定义：弹性是指材料在外力作用下产生变形，当取消外力后，能完全恢复原来形状的性质。

　　这种当外力取消后，能完全恢复的变形叫弹性变形（或瞬时变形）。如在受力不大的情况下橡皮筋、弹簧以及钢筋的变形（图 1-13）。

　　这种变形属于可逆变形，程度用弹性模量 E 表示。弹性模量是衡量材料抵抗变形能力的一个指标，E 越大，材料越不易变形。在弹性变形范围内，弹性模量 E 为常数。

2. 塑性

　　定义：塑性是指材料在外力作用下产生变形，当取消外力后，仍保持变形后的形状和尺寸且不产生裂纹的性质。

图 1-13　橡皮筋和弹簧

　　这种当外力取消后，不能恢复的变形叫塑性变形（或永久变形），绝大部分材料表现为塑性，如橡皮泥或混凝土等。

　　单纯的弹性变形是不存在。例如，皮筋温度升高拉长，或外力变大拉长，变形不能完全恢复。一般规律：荷载较小时，表现为弹性；荷载较大时，表现为塑性。温度高时，表现为塑性；温度低时，表现为弹性。

1.3 材料的耐久性

定义：材料的耐久性是指材料在正常使用条件下，受各种内在或外来自然因素及有害介质的作用，能不被破坏、长久地保持原有使用性能的性质。

材料在使用过程中，除受到各种外力作用外，还长期受到周围环境和各种自然因素的破坏作用。这些破坏作用一般可分为物理作用、化学作用及生物作用等。因此，耐久性是一项综合指标，包括抗冻性、抗渗性、耐化学腐蚀性、抗风化性、抗碳化、抗干湿循环、耐磨性、抗锈蚀、耐热性、抗紫外线、抗老化性、抗虫蛀、抗腐朽等。不同的材料着重考虑不同的方面。

物理作用包括干湿变化、温度变化及冻融变化等。这些变化可引起材料的收缩和膨胀，长期和反复作用会使材料逐渐被破坏。如砖瓦、石材、陶瓷以及混凝土等（图 1-14）着重考虑抗冻性、抗渗性、耐化学腐蚀性、抗风化性、抗碳化、抗干湿循环、耐磨性等。

砖风化

混凝土碳化

图 1-14　物理作用

化学作用是指大气、环境、水以及使用条件下酸、碱、盐等液体或有害气体对材料的侵蚀作用。如钢筋易被氧化生锈，着重考虑耐化学腐蚀性和抗锈蚀（氧化）等，所以要有保护层；防水卷材在阳光、空气及辐射的作用下，会老化或变质而被破坏（图 1-15），着重考虑耐热性、抗紫外线和抗老化性等。

钢筋氧化生锈

卷材老化

图 1-15　化学作用

生物作用是指菌类和昆虫等的作用而使材料腐朽、蛀蚀而被破坏。如木材易被虫蛀腐

朽，所以着重考虑抗虫蛀和抗腐朽等（图 1-16）。

木材腐蚀

木材虫蛀

图 1-16 生物作用

为了提高材料耐久性，延长建筑物的使用寿命和减少维修费用，可根据使用情况和处理特点，采取相应的措施。

1）从材料本身入手：分析材料的成分、构造的影响，提高材料的密实度，适当改变成分等。如改变水泥品种。

2）改变环境：设法减轻大气或周围介质对材料的破坏作用，如降低湿度，排除侵蚀性物质等。

3）从两者的关系入手：增加屏障，增设保护层来保护主体材料免受侵蚀，如木材刷漆，木或磁地板打蜡，地板砖为了耐磨表面施釉，墙面刷涂料等，如图 1-17 所示。

木材刷漆

木地板打蜡

釉面砖

墙面刷涂料

图 1-17 表面处理

本章练习题

1. 材料的实际密度、表观密度、堆积密度有何区别？如何测定？材料含水后对三者有何影响？

2. 导热系数和比热对建筑物有什么影响？

3. 与水有关的性质有哪几项？各自的指标是什么？对建筑物有何影响？

4. 如何提高材料的耐久性？

5. 材料的孔隙率及孔隙特征对材料的强度、吸水性、抗冻性、抗渗性和保温性有何影响？

6. 含孔材料吸水后，对其性能有何影响？

7. 简述影响材料抗冻性的主要因素，以及寒冷地区如何选用建筑材料。

8. 何为材料的强度？影响材料强度的因素有哪些？

第 **2** 章
气硬性胶凝材料

【技能目标】
能根据工程所处环境条件合理选用气硬性胶凝材料，能正确阅读国家技术标准。
【知识目标】
掌握气硬性胶凝材料的品种、性能、特点及标准要求。
【情感目标】
培养自身自主学习、合作探究和语言表达的能力，使自身素养得到全面提高。

凡在一定条件下，经过自身的一系列物理-化学作用后，由浆体变成坚硬的固体，将散粒（如砂、碎石）或块状材料（如砖 石块）黏结成为具有一定强度的整体的材料，统称为胶凝材料。

胶凝材料根据化学成分，分为无机胶凝材料和有机胶凝材料两大类。

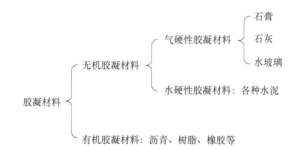

气硬性胶凝材料只能在空气中硬化，保持并发展其强度。气硬性胶凝材料一般只适用于地上和干燥环境中，而不宜用于潮湿环境，更不可用于水中。

水硬性胶凝材料既能在空气中硬化，又能在水中硬化，保持并继续发展其强度（见本书第 3 章）。水硬性胶凝材料既适用于地上，也适用于地下或水中。

2.1 石灰

石灰在我国的应用历史悠久，包括砌筑、抹灰或刷白等；应用范围广泛，如古长城的青砖白缝。它是建筑上最早使用的胶凝材料之一。

1. 石灰的生产

生产石灰的主要原料是以碳酸钙（$CaCO_3$）为主要成分的天然矿石，如石灰石或白垩等（图 2-1），经石灰窑（图 2-2）高温煅烧后生成的块状物质即为生石灰（图 2-3），简称石灰。反应式如下

$$CaCO_3 \xrightarrow{900 \sim 1000℃} CaO(生石灰) + CO_2 \uparrow$$

图 2-1　石灰石

图 2-2　石灰窑

图 2-3　生石灰

2. 石灰的分类

1）按煅烧的温度和时间不同，分为欠火石灰、正火石灰和过火石灰。

当煅烧的温度过低或时间过短时，石灰石不能完全分解，则产生欠火石灰，降低了石灰的质量和产量，降低了石灰的利用率。当煅烧的温度过高或时间过长时，则产生过火石灰，过火石灰质地坚密，熟化缓慢，导致已硬化的砂浆产生鼓泡或崩裂等现象（图 2-4）。煅烧良好的正火石灰，质轻色匀，产量高。

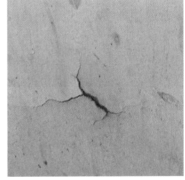

图 2-4　过火导致鼓泡、崩裂

2）按外观形态不同，分为块状石灰和磨细石灰粉（图 2-5）。

图 2-5　块状石灰和磨细石灰粉

3）按化学成分不同，分为生石灰和熟石灰（消石灰）。

4）按所含氧化镁的含量不同，分为钙质石灰和镁质石灰两类。

3. 石灰的熟化

生石灰的熟化（又称消化或消不同），是指生石灰与水作用生成氢氧化钙的化学反应，反应式如下

$$CaO + H_2O \longrightarrow Ca(OH)_2 + 热量$$

经消化所得的氢氧化钙称为消石灰（或熟石灰），水化时放出大量热，其体积膨胀 $1 \sim 2.5$ 倍。熟化的方法有两种：加适量水或加多量水。

（1）熟石灰粉

即将生石灰分层淋适量的水，使石灰充分熟化，又不会过湿成团，此时得到的产品就是熟石灰粉或消石灰粉（图2-6）。

（2）石灰膏

即生石灰中加入过量的水，得到的浆体是石灰乳（图2-7），经滤网进入储灰池，在储灰池中沉淀成石灰膏（图2-8）。

图 2-6 淋灰

图 2-7 石灰乳

图 2-8 石灰膏

为了消除过火石灰的危害，石灰膏在储灰池中放置两周以上，这一过程称为石灰的"陈伏"。"陈伏"期间，石灰浆表面应保有一层水分，与空气隔绝，以免干裂和碳化。"陈伏"既消化了过火石灰，又滤除了欠火石灰。消石灰粉也需要陈伏。

4. 石灰的硬化

石灰浆在空气中逐渐干燥变硬的过程称为硬化，是由结晶和碳化作用共同完成的。

1）结晶作用：石灰浆中的游离水分蒸发或被砌体吸收，氢氧化钙 $Ca(OH)_2$ 逐渐从饱和溶液中结晶析出，使浆体硬化产生强度的过程。

2）碳化作用：石灰浆中氢氧化钙 $Ca(OH)_2$ 与空气中的二氧化碳 CO_2 化合生成碳酸钙结晶，释出水分逐渐蒸发的过程。

由于空气中的二氧化碳含量低，且表面碳化后形成的碳酸钙硬壳阻止二氧化碳向内部渗透，也妨碍水分向外蒸发，因而自然状态下硬化缓慢。

5. 石灰的技术要求

根据建材行业标准《建筑生石灰》（JC/T 479—2013）的规定，按生石灰的化学成分分为钙质石灰和镁质石灰两类。根据化学成分的含量每类分成各个等级，见表2-1。建筑生石灰的技术要求见表2-2。检验结果均达到表2-2的相应等级的要求时，则判定为合格产品。

表 2-1　建筑生石灰的分类

类　别	名　称	代　号
钙质石灰	钙质石灰 90	CL 90
	钙质石灰 85	CL 85
	钙质石灰 75	CL 75
镁质石灰	镁质石灰 85	ML 85
	镁质石灰 80	ML 80

表 2-2　建筑生石灰的技术要求（JC/T 479—2013）

名　称	氧化钙＋氧化镁 CaO＋MgO（%）	氧化镁 MgO（%）	二氧化碳 CO_2（%）	三氧化硫 SO_3（%）	产浆量/（dm^3/10kg）	细度	
						0.2mm 筛余量（%）	90μm 筛余量（%）
CL 90-Q CL 90-QP	≥90	≤5	≤4	≤2	≥26 —	— ≤2	— ≤7
CL 85-Q CL 85-QP	≥85	≤5	≤7	≤2	≥26 —	— ≤2	— ≤7
CL 75-Q CL 75-QP	≥75	≤5	≤12	≤2	≥26 —	— ≤2	— ≤7
ML 85-Q ML 85-QP	≥85	＞5	≤7	≤2	—	— ≤2	— ≤7
ML 80-Q ML 80-QP	≥80	＞5	≤7	≤2	—	— ≤7	— ≤2

说明：CL—钙质石灰；ML—镁质石灰；Q—生石灰块；QP—生石灰粉；90—（CaO＋MgO）的百分含量。

　　根据建材行业标准《建筑消石灰》（JC/T 481—2013）的规定，建筑消石灰的分类按扣除游离水和结合水后的氧化钙＋氧化镁（CaO＋MgO）的百分含量加以分类，见表 2-3。建筑消石灰的技术要求见表 2-4。检验结果均达到表 2-4 的相应等级的要求时，则判定为合格产品。

表 2-3　建筑消石灰的分类

类　别	名　称	代　号
钙质消石灰	钙质消石灰 90	HCL 90
	钙质消石灰 85	HCL 85
	钙质消石灰 75	HCL 75
镁质消石灰	镁质消石灰 85	HML 85
	镁质消石灰 80	HML 80

说明：HCL—钙质消石灰；HML—镁质消石灰；90—（CaO＋MgO）的百分含量。

6. 石灰的特性

（1）凝结硬化慢，强度低

　　石灰浆在空气中凝结硬化速度缓慢，导致氢氧化钙和碳酸钙结晶的量少，硬化后的强度也不高。通常石灰砂浆（石灰、砂体积比为 1:3）28 天强度仅为 0.2~0.5MPa，所以不能用于强度要求较高的部位。另外，为便于硬化，要掺砂子、纸筋或麻刀等形成连通孔隙，便于硬化（图 2-9）。

表 2-4　建筑消石灰的技术要求（JC/T481—2013）

| 名称 | 氧化钙 + 氧化镁 CaO + MgO（%） | 氧化镁 MgO（%） | 三氧化硫 SO₃（%） | 游离水 | 细　度 | | 安定性 |
					0.2mm 筛余量（%）	90μm 筛余量（%）	
HCL 90 HCL 85 HCL 75	≥90 ≥85 ≥75	≤5	≤2	≤2	≤2	≤7	合格
HML 85 HML 80	≥85 ≥80	>5	≤2	≤2	≤2	≤7	

（2）可塑性和保水性好

生石灰熟化为石灰浆时，能自动形成颗粒极细（直径约为1μm）的呈胶体分散状态的氢氧化钙，表面吸附一层厚的水膜。在水泥砂浆中掺入石灰浆，可使可塑性显著提高；同时使砂浆有良好的和易性，便于施工。

（3）吸湿性强

生石灰吸湿性强，保水性好，是传统的干燥剂。

（4）耐水性差

硬化后的石灰长期受潮会溶解，强度更低，在水中还会溃散。所以，石灰不宜在潮湿的环境下使用，也不宜单独用于重要建筑物的基础。

（5）体积收缩大

石灰浆在硬化过程中，由于大量的水分蒸发，引起体积收缩，使其开裂（图2-10），所以除调成石灰乳作薄层涂刷外，不宜单独使用。常掺入砂子、纸筋或麻刀等抵抗收缩引起的开裂和增加抗拉强度。

图 2-9　纸筋和麻刀

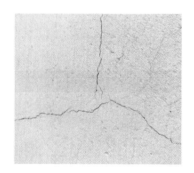

图 2-10　石灰浆开裂

7. 石灰的应用

（1）配制石灰乳涂料

用熟化并陈伏好的石灰膏，稀释成石灰乳，是一种传统的涂料，一般多用于内墙和顶棚涂刷，增加室内美感和亮度。

（2）配制砂浆

以石灰膏为胶凝材料，掺入砂和水，拌和后，可制成石灰砂浆（图2-11）；在水泥砂浆中掺入石灰膏后，可制成水泥石灰混合砂浆（图2-12），用于抹灰和砌筑。

图 2-11　石灰砂浆

图 2-12　水泥石灰混合砂浆

（3）配制三合土和灰土

三合土（石灰 + 黏土 + 砂、石或炉渣等，图 2-13）和灰土（石灰 + 黏土，图 2-14）按一定的比例混合生成。常用三七灰土（石灰、黏土体积比为 3∶7）和二八灰土（石灰、黏土体积比为 2∶8）。经夯实后的三合土和灰土广泛用于建筑物的基础、路面或地面的垫层，其强度和耐水性比石灰或黏土都高。

图 2-13　三合土

图 2-14　灰土

（4）制作硅酸盐制品

石灰（消石灰粉或生石灰粉）与硅质材料（砂、粉煤灰、火山灰、矿渣等）为主要原料，经配料、拌和、成型以及养护（蒸汽养护或压蒸养护）就可得到密实或多孔的硅酸盐制品。如灰砂砖、粉煤灰砖、砌块及加气混凝土砌块等，如图 2-15 所示。

灰砂砖

粉煤灰砖

加气混凝土砌块

图 2-15　硅酸盐制品

（5）制作碳化石灰板

碳化石灰板是将磨细生石灰、纤维状填料（如玻璃纤维）或轻质骨料（如矿渣）加水搅拌成型，然后再通入二氧化碳进行人工碳化（12～24h）而成的一种轻质板材，适合作非承重的内隔墙板或顶棚（天花板）等，如图2-16所示。

8. 石灰的储存、运输和质量证明书

储存建筑生石灰应分类，分等级储存在干燥的仓库内，不宜长期储存，生石灰进场后要尽快熟化。运输建筑生石灰不准与易燃、易爆和液体物品混装，运输时要采取防水措施。

图2-16　碳化石灰板

每批产品出厂时，应向用户提供质量证明书。证明书上应注明厂名、产品名称、等级、试验结果、批量编号、出厂日期、本标准编号和使用说明。

2.2　石膏

1. 石膏的生产

生产石膏的主要原料是天然二水石膏（图2-17），又称软石膏或生石膏，经过破碎、加热、煅烧、脱水以及磨细可得石膏胶凝材料。同一种原料，在不同的煅烧条件下，可得到性质不同的石膏产品（图2-18）。

2. 石膏的分类

（1）建筑石膏（又称熟石膏）

图2-17　天然二水石膏

将 β 型半水石膏磨细成白色粉末（图2-19），即为建筑石膏。因其晶体细小，将它调制成一定稠度的浆体时，需水量较大，因而其制品强度较低。建筑石膏可用于室内粉刷，制作装饰制品，多孔石膏制品和石膏板等。

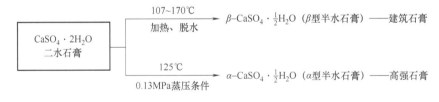

图2-18　石膏加工条件及其相应产品示意图

熟石膏若杂质含量少，SKI 较白粉磨较细的称为模型石膏。它比建筑石膏凝结快，强度高，主要用于制作模型、雕塑或装饰花饰等（图2-20）。

（2）高强石膏

将 a 型半水石膏磨细成白色粉末，即为高强石膏。其晶体粗大，需水量少，其制品硬化后密实度大，强度较高。高强度石膏适用于强度要求高的抹灰工程，装饰制品和石膏板。掺入防水剂后，其制品可用于湿度较高的环境中。

图2-19　建筑石膏粉

石膏模型

石膏雕塑

石膏花饰

图 2-20　模型石膏

3. 建筑石膏的技术要求

建筑石膏组成中 β 型半水硫酸钙 $\left(\beta\text{-}CaSO_4 \cdot \dfrac{1}{2}H_2O\right)$ 的含量（质量分数）应不小于 60%。物理性能应符合下表 2-5。

表 2-5　建筑石膏物理力学性能表（GB/T 9776—2008）

等级		3.0	2.0	1.6
细度（0.2mm 方孔筛筛余）（%）		≤10		
凝结时间/min	初凝时间	≥3		
	终凝时间	≤30		
2h 抗折强度/MPa		≥3.0	≥2.0	≥1.6
2h 抗压强度/MPa		≥6.0	≥4.0	≥3.0

4. 建筑石膏的特性

（1）凝结硬化速度快

石膏加水后在 30min 内很快凝结，为方便施工常加入适量的缓凝剂，如硼砂、动物胶或亚硫酸盐酒精废液等。

（2）凝结硬化时的体积膨胀

这种特性能使石膏制品表面光滑饱满，棱角清晰、干燥时不开裂。

（3）孔隙率大、表观密度小、强度较低

建筑石膏在使用时，加入的水分比水化所需的水量多，造成内部的大量微孔，使其重量减轻，抗压强度也因此下降。通常石膏硬化后的表观密度约为 800 ~ 1000kg/m³，抗压强度约为 3 ~ 5MPa。

（4）保温隔热、吸声性能良好

由于表观密度小、孔隙率大和质轻，所以保温隔热和吸声性能良好。

（5）具有一定的调温调湿性

由于多孔结构的特点，对空气中的水蒸气具有较强的吸湿性，在干燥时又可释放水分，所以，石膏对室内空气湿度有一定的调节作用。

（6）防火性良好

遇火，石膏硬化后的主要成分二水石膏中的结晶水蒸发并吸收热量，制品表面形成蒸汽

幕，能有效阻止火的蔓延。

（7）耐水性和抗冻性差

石膏制品多孔、吸水性强，受水后二水石膏溶解，产生变形且强度降低。

（8）有良好的装饰性和可加工性

石膏表面光滑饱满，颜色洁白，质地细腻，具有良好的装饰性。微孔结构使其脆性有所改善，硬度也较低，所以硬化石膏可锯，可刨，可钉，具有良好的可加工性。

5. 建筑石膏的应用

1）建筑石膏制品，如石膏砌块（图2-21）、纸面石膏板（图2-22）、空心石膏条板（图2-23）、纤维石膏板（图2-24）、石膏吊顶（图2-25）、装饰石膏柱和花饰等制品（图2-26、图2-27），用于建筑物的室内隔墙、墙面和顶棚的装饰装修等。其中石膏板材作为一种新型墙体材料，具有质轻、美观、防火、抗震、保温、隔热、调节湿度、隔墙占地面积少、施工方便和节能等优点。

图 2-21　石膏砌块

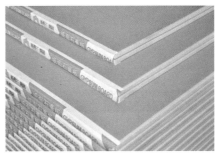
图 2-22　纸面石膏板

图 2-23　空心石膏条板

图 2-24　纤维石膏板

图 2-25　石膏吊顶

图 2-26　装饰石膏柱和花饰

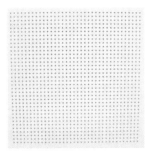

角线　　　　　　　　　吸声板　　　　　　　　　装饰板

图 2-27　装饰石膏制品

2）石膏用作室内抹灰和粉刷，装饰效果好。

3）石膏用于制作建筑雕塑，轻质，美观。

4）石膏用于生产水泥，起缓凝作用。

5）石膏用于生产各种硅酸盐建筑制品，具有轻质、保温和隔热的特点。

6. 石膏的包装、运输和储存

1）建筑石膏一般采用袋装或散装供应。袋装应用防潮包装袋来包装。

2）建筑石膏运输和储存时，不得受潮或混入杂物。

3）建筑石膏自生产之日起，在正常运输和储存条件下，储存期为三个月。

2.3　水玻璃

建筑工程中常用的水玻璃是硅酸钠（$Na_2O \cdot nSiO_2$）的水溶液，俗称泡花碱（图 2-28），优质纯净的水玻璃为无色透明的黏稠液体，溶于水，当含有杂质时呈淡黄色或青灰色。

钠水玻璃分子式中的 n 称为水玻璃的模数，代表 Na_2O 和 SiO_2 的分子数比，是非常重要的参数。n 值越大，水玻璃的黏性和强度越高，但水中的溶解能力下降。土木工程中常用模数 n 为 2.6～2.8，既易溶于水又有较高的强度。

1. 水玻璃的硬化

液体水玻璃在空气中吸收二氧化碳（浓度较低），形成无定形硅酸凝

液态水玻璃　　　　　　　　固态水玻璃

图 2-28　水玻璃

胶，并逐渐干燥硬化，但硬化进行很慢，为了加速硬化和提高硬化后的防水性，常加入氟硅酸钠 Na_2SiF_6 作为促硬剂（其适宜用量 12%～15%）。

2. 水玻璃的技术性质

（1）黏结力强

水玻璃硬化后具有较高的黏结强度、抗拉强度和抗压强度。水玻璃硬化析出的硅酸凝胶还有堵塞毛细孔隙而防止水分渗透的作用。

（2）耐酸性好

硬化后的水玻璃，其主要成分是 SiO_2，具有高度的耐酸性能，能抵抗大多数无机酸和有机酸的作用，但易被碱性介质侵蚀。

（3）耐热性高

水玻璃不燃烧，硬化后形成 SiO_2 空间网状骨架，具有良好的耐热性能，而且在高温下硅酸凝胶干燥得更加强烈，强度并不降低，甚至有所增加。

（4）耐碱性和耐水性差

3. 水玻璃的应用

水玻璃的应用如图 2-29 所示。

防水涂料　　　　　　　　　配制防水剂　　　　　　　　　注浆加固

图 2-29　水玻璃的应用

（1）用作涂料

直接将液体水玻璃涂刷在建筑物表面，或黏土砖、硅酸盐制品、水泥混凝土等多孔材料表面，可使材料的密实度、强度、抗渗性和耐水性得到提高。

（2）配制防水剂

水玻璃可与多种矾配制成速凝防水剂，用于堵漏或填缝等局部抢修。这种多矾防水剂的凝结速度很快，一般为几分钟，其中四矾防水剂不超过 1min，故工地上使用时必须做到即配即用。多矾防水剂常用胆矾（硫酸铜）、红矾（重铬酸钾，$K_2Cr_2O_7$）、明矾（也称白矾，十二水硫酸铝钾）和紫矾等四种矾。

（3）加固土壤

将水玻璃与氯化钙溶液交替注入土壤中，两种溶液迅速反应生成硅胶和硅酸钙凝胶，起到胶结和填充孔隙的作用，使土壤的强度和承载能力得到提高，常用于粉土、砂土和填土的地基加固，称为双液注浆。

（4）配制水玻璃砂浆

将水玻璃、矿渣粉、砂和氟硅酸钠按一定比例配合成砂浆，可用于修补墙体裂缝。

（5）配制耐酸胶凝、耐酸砂浆、耐酸混凝土

耐酸胶凝是用水玻璃和耐酸粉料（常用石英粉）配制而成。与耐酸砂浆和耐酸混凝土一样，主要用于有耐酸要求的工程，如硫酸池。

（6）配制耐热胶凝、耐热砂浆和耐热混凝土

水玻璃耐热胶凝主要用于耐火材料的砌筑和修补。水玻璃耐热砂浆和耐热混凝土主要用于高炉基础和其他有耐热要求的结构部位。

本章练习题

1. 简述石灰的消化和硬化的过程及特点。

2. 石灰应用时是生石灰还是熟石灰？为什么？熟石灰为什么要进行陈伏？

3. 石膏制品有哪些特点？建筑石膏可用于哪些方面？

4. 简述水玻璃的性质及应用。

第 **3** 章
水硬性胶凝材料

【技能目标】

1. 能按照国家标准要求进行水泥的技术性能检测，根据检测报告分析判断水泥质量。
2. 能根据工程特点选用水泥，正确储存与保管水泥。

【知识目标】

1. 掌握通用硅酸盐水泥的种类，技术性能及应用。
2. 了解其他系列水泥的特性及应用。
3. 了解水泥的鉴别方法。

【情感目标】

1. 提高互助协作意识，小组内分工合作进行水泥的检测。
2. 克服困难、循序渐进，逐步掌握水泥的各项技术指标，提高学习的自信心。

3.1 通用硅酸盐水泥

水泥是粉末状水硬性胶凝材料，加水拌和后，成为塑性浆体，能将砂子、石子等松散材料胶结成一个整体，既能在潮湿的空气中又能在水中凝结硬化，如图 3-1 所示。

水泥按主要熟料矿物成分分为硅酸盐系水泥、铝酸盐系水泥、铁铝酸盐系水泥和硫铝酸盐系水泥等。在各类工程中多以硅酸盐系水泥为主。

硅酸盐系水泥按应用分为通用硅酸盐水泥（产量占水泥总产量95%以上）、专用硅酸盐水泥和特性硅酸盐水泥，详见表 3-1。

图 3-1 水泥成品

表 3-1 硅酸盐系水泥分类

类 别	主要品种	用 途
通用硅酸盐水泥	硅酸盐水泥、普通硅酸盐水泥、矿渣硅酸盐水泥、火山灰质硅酸盐水泥、粉煤灰硅酸盐水泥、复合硅酸盐水泥、石灰石硅酸盐水泥	用于一般土木建筑工程
专用硅酸盐水泥	道路水泥、砌筑水泥、大坝水泥	用于某种专用工程
特性硅酸盐水泥	快硬水泥、低热水泥、防腐蚀水泥、防辐射水泥、膨胀水泥	用于某些性能有特殊要求的混凝土工程

3.1.1　水泥的分类与包装

1. 分类

按混合材料的品种和掺量，如表3-1所列，通用硅酸盐水泥包括硅酸盐水泥、普通硅酸盐水泥、矿渣硅酸盐水泥、火山灰质硅酸盐水泥、粉煤灰硅酸盐水泥、复合硅酸盐水泥，如图3-2所示。

红色　　　　　　　绿色　　　　　黑色或蓝色　　　黑色或蓝色　　　黑色或蓝色

图3-2　不同水泥品种包装袋颜色差异

1）硅酸盐水泥：由硅酸盐水泥熟料、0～5%石灰石或粒化高炉矿渣和适量石膏磨细制成的水硬性胶凝材料，称为硅酸盐水泥（又名波特兰水泥）。有两种类型，即Ⅰ型（不掺混合材料），代号P·Ⅰ；Ⅱ型（掺含量5%以下的混合材料），代号P·Ⅱ。成品为灰绿色粉末，包装袋两侧印刷字体为红色。

2）普通硅酸盐水泥：由硅酸盐水泥熟料、6%～20%的混合材料和适量石膏磨细制成的水硬性胶凝材料组成，称为普通硅酸盐水泥（简称普通水泥），代号P·O。成品为灰绿色粉末，包装袋两侧印刷字体为红色。

3）矿渣硅酸盐水泥：由硅酸盐水泥熟料、20%～70%粒化高炉矿渣和适量石膏磨细制成的水硬性胶凝材料组成，称为矿渣硅酸盐水泥（简称矿渣水泥），代号P·S。成品为灰绿色粉末，包装袋两侧印刷字体为绿色。

4）火山灰质硅酸盐水泥：由硅酸盐水泥熟料、20%～40%火山灰质混合材料和适量石膏磨细制成的水硬性胶凝材料组成，称为火山灰质硅酸盐水泥（简称火山灰水泥），代号P·P。成品为淡红或淡绿色粉末，包装袋两侧印刷字体为黑色或蓝色。

5）粉煤灰硅酸盐水泥：由硅酸盐水泥熟料、20%～40%粉煤灰和适量石膏磨细制成的水硬性胶凝材料组成，称为粉煤灰硅酸盐水泥（简称粉煤灰水泥），代号P·F。成品为灰黑色粉末，包装袋两侧印刷字体为黑色或蓝色。

6）复合硅酸盐水泥：由硅酸盐水泥熟料、两种或两种以上的混合材料和适量石膏磨细制成的水硬性胶凝材料，称为复合硅酸盐水泥（简称复合水泥），代号P·C。包装袋两侧印刷字体为黑色或蓝色。

2. 包装

1）水泥有袋装（图3-3）和散装（图3-4）两种包装形式。袋装水泥每袋净含量50kg，且不得少于标志质量的99%。

2）水泥包装袋上的标识有水泥品种名称、代号、强度等级、出厂日期、净含量、生产单位和厂址、执行标准号、生产许可证编号、出厂编号、包装年月日。散装发运时，应提交与袋装标志相同内容的卡片。

3）水泥品种名称不同，其包装袋上印刷字体的颜色也不相同。

图 3-3　袋装水泥

图 3-4　散装水泥

3.1.2　水泥的成分、凝结硬化与性质

1. 水泥的成分

硅酸盐系水泥均是由硅酸盐水泥熟料，适量石膏和混合材料组成的。硅酸盐系水泥生产的过程可以概括为"两磨一烧"。生料磨细后 1450℃ 煅烧成熟料，加石膏和混合材料后再磨细成水泥成品。

（1）熟料

煅烧得到的硅酸盐水泥熟料是关键成分，含有四种矿物成分。提高硅酸三钙 C_3S 的含量可以制得高强水泥，降低硅酸三钙 C_3S 和铝酸三钙 C_3A 的含量可以制得低水化热的大坝水泥。硅酸三钙是赋予硅酸盐水泥早期强度的矿物。硅酸二钙 C_2S 是决定硅酸盐水泥后期强度的矿物。表 3-2 为水泥熟料四种矿物成分分别与水反应时特点。

表 3-2　水泥熟料四种矿物成分分别与水反应时特点

矿物名称	符号	水化产物	反应快慢	水化热	强度发展	后期强度	收缩	耐蚀性
硅酸三钙	C_3S	水化硅酸钙凝胶、氢氧化钙晶体	快	高	快	高	中	差
硅酸二钙	C_2S		慢	低	慢	高	小	好
铝酸三钙	C_3A	水化铝酸钙晶体	最快	高	快	低	大	差
铁铝酸四钙	C_4AF	水化铝酸钙晶体、水化铁酸钙凝胶	较快	中等	中	中	小	较好

（2）石膏

加入石膏（图 3-5），是为了消除 C_3A 的危害，避免瞬凝现象，延缓水泥凝结时间，方便施工。石膏与 C_3A 产物反应得到钙矾石。

（3）混合材料

活性混合材料的活性是指能被激活，本来不能与水发生反应，但是如果遇到石灰或石膏等就被激活，与水发生反应。如粒化高炉矿渣（图 3-6）、粉煤灰（图 3-7）、火山灰质混合材料（图 3-8）。非活性混合材料掺入水泥，不与水泥成分起化学反应或反应很弱，主要起填充作用，可调节水泥强度，降低水化热及增加水泥产量等。有磨细石英砂（图 3-9）、石灰石（图3-10）、黏土和缓冷矿渣等。

图3-5　石膏

图3-6　粒化高炉矿渣

图3-7　粉煤灰

图3-8　火山灰质混合材料

图3-9　磨细石英砂

图3-10　石灰石

2. 水泥的凝结硬化

水泥的凝结硬化过程实际就是水泥与水发生水化反应，水泥浆体由稀变稠，最终形成坚硬的水泥石的过程。

影响硅酸盐水泥的凝结硬化的主要因素：

1）水化和硬化过程的快和慢与熟料矿物成分、含量及各成分的特性有关。

2）温、湿度的影响：保证湿度的前提下，温度越高，水化速度、凝结硬化、强度增长越快。水泥石在完全干燥情况下，水化不能进行，硬化停止，强度不再增长。所以水泥浇筑后要洒水养护（图3-11）。温度低于0℃时，水化基本停止，所以冬季施工时，要采取保温措施（图3-12）。

图3-11　洒水养护

图3-12　冬季施工保温措施

3）养护龄期的影响：随时间延长强度不断增长。水化反应速度是先快后慢。完成水泥水化、水解全过程需要几年甚至几十年的时间，一般水泥在3～7d内水化速度快，强度增长快，28d 可完成水化过程的基本部分，以后发展缓慢，强度增长也极为缓慢。

4）细度的影响：水泥细度越细，与水接触面积越大，反应越快，水化越彻底。

3. 水泥的性质

（1）化学指标

化学指标主要包括不溶物、烧失量、三氧化硫（SO_3）、氧化镁（MgO）、氯离子等 5 项，见表 3-3。

表 3-3 不同水泥的化学指标对比

对比项目		硅酸盐水泥 P·Ⅰ、P·Ⅱ	普通水泥 P·O	矿渣水泥 P·S	火山灰水泥 P·P	粉煤灰水泥 P·F
化学指标	不溶物	Ⅰ型≤0.75% Ⅱ型≤1.5%	—			
	烧失量	Ⅰ型≤3% Ⅱ型≤3.5%	≤5%	—		
	SO_3	≤3.5%	≤3.5%	≤4%	≤3.5%	≤3.5%
	MgO	≤5%		≤6%		
	氯离子	≤0.6%				

注：如果压蒸试验合格，硅酸盐水泥和普通水泥的氧化镁含量允许放宽到6%。如果矿渣水泥、粉煤灰水泥、火山灰水泥的氧化镁含量超过6%，需进行水泥压蒸安定性试验并合格。

（2）选择性指标

水泥中碱含量按 $Na_2O + 0.658K_2O$ 计算值表示，若使用活性骨料，用户要求提供低碱水泥时，水泥中的碱含量应不大于0.60%以内或由买卖双方协商确定。

（3）物理指标

1）细度：水泥颗粒粗了，反应慢，反应不彻底；过细，反应过快容易产生干缩开裂，粉磨能耗大，成本也高，所以要合理控制细度。《通用硅酸盐水泥》（GB 175-2007）规定：硅酸盐水泥和普通硅酸盐水泥的细度用比表面积来表示，要求≥300m²/kg。比表面积是指单位质量的水泥粉末所具有的表面积的总和（m²/kg），一般常为 317～350m²/kg。比表面积足够大，颗粒才足够细。其他 4 种水泥的细度用筛余表示，即80μm 方孔筛筛余百分率≤10% 或45μm 方孔筛筛余百分率≤30%。

水泥比表面积用勃氏法检测（图 3-13），水泥筛余率用筛分法检测（图 3-14）。

图 3-13 水泥比表面积测定仪　　　　图 3-14 水泥细度负压筛析仪及负压筛

2）标准稠度用水量：标准稠度用水量是水泥浆达到规定的稀稠程度时的需水量。国家标准规定检验水泥的凝结时间和体积安定性时需用"标准稠度"的水泥净浆，采用水泥净浆搅拌机搅拌及试模成型（图3-15和图3-16）。"标准稠度"是人为规定的稠度，其用水量采用维卡仪测定（图3-17），有调整水量法和不变水量法。调整水量法是调整水的用量达到标准稠度，即试杆沉入水泥净浆并距离底板（6±1）mm。不变水量法所用水量为142.5mL，直接在标尺上读数。两者有矛盾时以前者为准。硅酸盐水泥的标准稠度用水量一般在21%~28%之间。

图3-15 水泥净浆搅拌机

图3-16 试模

图3-17 标准法维卡仪

3）凝结时间：水泥从开始加水到失去流动性，即从液体状态发展到较致密固体状态的过程称为水泥的凝结。这个过程所需要时间称为凝结时间，分初凝时间（开始失去流动性）和终凝时间（完全失去流动性）。以标准稠度的水泥净浆，在规定温度及湿度环境下用维卡仪测定。

初凝时间不宜过早，以便有足够的时间进行搅拌、运输、浇筑、振捣等施工作业。如果初凝时间过早即为废品水泥，严禁在工程上使用。终凝时间不宜过迟，以便尽快进行下一道工序施工，以免拖延工期。《通用硅酸盐水泥》（GB 175—2007）规定，硅酸盐水泥的初凝时间不得早于45min，终凝时间不得迟于6.5h。

4）体积安定性：水泥浆体硬化后体积变化的均匀性称为水泥的体积安定性，即水泥石能保持一定形状，不开裂，不挠曲变形，不溃散的性质。安定性不良的水泥作废品处理，不得应用于工程中，否则将导致严重后果。导致水泥安定性不良的主要原因一般是由于熟料中的游离氧化钙、游离氧化镁或石膏掺入过多等原因造成的，其中游离氧化钙是最为常见、影响最严重的因素。国标规定：水泥的体积安定性用沸煮法检验。沸煮法包含雷氏法和试饼法，出现矛盾，以前者为准。雷氏法用雷氏夹及膨胀测定仪检测（图3-18）；试饼法用玻璃片上涂抹水泥试饼检测（图3-19）；将带有水泥的雷氏夹或试饼放在沸煮箱里沸煮（图3-20）。

图3-18 雷氏夹、膨胀测定仪

图3-19 水泥试饼

图3-20 水泥安定性试验用沸煮箱

5）强度：采用胶砂强度测定法，即ISO法，水泥净浆硬化时收缩严重，不能做成大体积构件，必须掺加砂、石等抑制收缩。试验中的配合比为水泥∶砂∶水 = 1∶3∶0.5，每锅胶砂成型 3 条试件，需（450 ± 2）g 水泥。按照《水泥胶砂强度检验方法（ISO）法》（GB/T 17671—1999）制作水泥胶砂标准试件，尺寸为 40mm × 40mm × 160mm，在（20 ± 1）℃的水中，测试养护 3d 和 28d 时的抗折强度和抗压强度值划分等级，所有仪器如图 3-21 所示。硅酸盐水泥的强度等级划分为 6 个：42.5、42.5R、52.5、52.5R、62.5、62.5R；普通硅酸盐水泥的强度等级划分为 4 个：42.5、42.5R、52.5、52.5R；其他 4 种水泥的强度等级划分为 6 个：32.5、32.5R、42.5、42.5R、52.5、52.5R。R 代表早强型。例如，42.5R 表示水泥养护 28d 的抗压强度不低于 42.5MPa，属早期强度较高的早强型水泥。

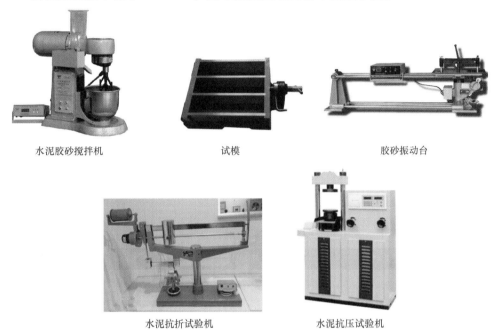

| 水泥胶砂搅拌机 | 试模 | 胶砂振动台 |

水泥抗折试验机　　　　水泥抗压试验机

图 3-21　水泥胶砂强度检测仪器

6）水化热：水泥与水发生水化反应时放出的热量称为水化热。水化所放热量的大小及速度，取决于水泥熟料的矿物组成和细度，越细，与水接触面越大，反应越快，水化越彻底，放出热量越快。一般在水化初期（7d 内）放出，以后则逐步减少。水化热大，对冬季施工有利，对水泥的正常凝结硬化和强度的发展有利；对大体积混凝土工程不利，易使混凝土产生裂缝。如大型基础、大坝和桥墩等，由于混凝土表面散热很快，积聚在内部的水化热不易散出，使混凝土内部温度高达 50～60℃。内外温差引起的应力可使混凝土产生裂缝，因此大体积混凝土工程应采用水化热较低的水泥，如矿渣硅酸盐水泥和火山灰质硅酸盐水泥。

3.1.3　水泥的特性及应用

1. 水泥的特性

1）硅酸盐水泥特性和适用范围包括以下几点：

① 早期强度发展快，等级高，适用于快硬早强型工程（如冬季施工、预制、现浇等工程），高强度混凝土工程（如预应力钢筋混凝土，大坝溢流面部位混凝土）。

② 水化热大，不宜用于大体积工程，如水坝，但有利于低温季节蓄热法施工。

③ 抗冻性好，适用于严寒地区工程、水工混凝土和抗冻性要求高的工程。

④ 耐热性差，不宜用于高温工程。

⑤ 耐腐蚀性差，不宜用于软水工程，如海水或压力水。硅酸盐水泥腐蚀破坏的基本原因，在于水泥本身成分中存在着易引起腐蚀的氢氧化钙和水化铝酸钙。

⑥ 抗碳化性好、耐磨性好。

2）普通硅酸盐水泥特性和适用范围与硅酸盐水泥类似，应用范围更加广泛。

3）矿渣硅酸盐水泥特性和适用范围包括以下几点：

① 早期强度低，后期强度高，对温度敏感，适宜于高温养护。

② 水化热较低，放热速度慢。

③ 具有较好的耐热性能。

④ 具有较强的抗侵蚀、抗腐蚀能力。

⑤ 泌水性大，干缩较大。

⑥ 抗渗性差，抗冻性较差，抗碳化能力差。

矿渣硅酸盐水泥主要适用于大体积工程，配置耐热混凝土或蒸汽养护的构件，配置建筑砂浆。

4）火山灰质硅酸盐水泥特性和适用范围与矿渣水泥类似，但抗渗性好，抗碳化能力差，耐磨性差，主要适用于大体积工程，有抗渗要求的工程，蒸汽养护的构件，配置建筑砂浆。

5）粉煤灰硅酸盐水泥特性和适用范围与矿渣水泥类似，但是耐热性差，需水量低，干缩率较小，抗裂性好，主要适用于地上地下、水中和大体积混凝土工程。

2. 水泥的应用

对于通用水泥，其应用见表3-4。

表3-4 常用水泥的选用

混凝土所处环境条件或工程特点		优先选用	可以使用	不得使用
环境条件	在普通气候环境中的混凝土	普通硅酸盐水泥	矿渣硅酸盐水泥、火山灰质硅酸盐水泥、粉煤灰硅酸盐水泥	—
	在干燥环境中的混凝土	普通硅酸盐水泥	矿渣硅酸盐水泥	火山灰质硅酸盐水泥、粉煤灰硅酸盐水泥
	在高湿度环境中或永远处在水下的混凝土	矿渣硅酸盐水泥	普通硅酸盐水泥、火山灰质硅酸盐水泥、粉煤灰硅酸盐水泥	—
	严寒地区的露天混凝土、寒冷地区的处在水位升降范围内的混凝土	普通硅酸盐水泥	矿渣硅酸盐水泥	火山灰质硅酸盐水泥、粉煤灰硅酸盐水泥
	严寒地区处在水位升降范围内的混凝土	普通硅酸盐水泥	—	火山灰质硅酸盐水泥、粉煤灰硅酸盐水泥、矿渣硅酸盐水泥
	受侵蚀性环境水或侵蚀性气体作用的混凝土	根据侵蚀性介质的种类、浓度等具体条件按专门（或设计）规定选用		
	厚大体积的混凝土	粉煤灰硅酸盐水泥、矿渣硅酸盐水泥	普通硅酸盐水泥、火山灰质硅酸盐水泥	硅酸盐水泥、快硬硅酸盐水泥

（续）

混凝土所处环境条件或工程特点		优 先 选 用	可 以 使 用	不 得 使 用
工程特点	要求快硬的混凝土	快硬硅酸盐水泥、硅酸盐水泥	普通硅酸盐水泥	矿渣硅酸盐水泥、火山灰质硅酸盐水泥、粉煤灰硅酸盐水泥
	高强度（大于 C60）的混凝土	硅酸盐水泥	普通硅酸盐水泥、矿渣硅酸盐水泥	火山灰质硅酸盐水泥、粉煤灰硅酸盐水泥
	有抗渗性要求的混凝土	普通硅酸盐水泥、火山灰质硅酸盐水泥		不宜使用矿渣硅酸盐水泥
	有耐磨性要求的混凝土	硅酸盐水泥、普通硅酸盐水泥	矿渣硅酸盐水泥	火山灰质硅酸盐水泥、粉煤灰硅酸盐水泥

3.2 其他水泥

3.2.1 道路硅酸盐水泥

凡由适当成分的生料烧至部分熔融，所得以硅酸钙为主要成分，并且铁铝酸钙含量较多的硅酸盐水泥熟料，称为道路硅酸盐水泥熟料。

以道路硅酸盐水泥熟料，0~10% 活性混合材料和适量石膏磨细制成的水硬性胶凝材料组成，称为道路硅酸盐水泥，简称道路水泥。

3.2.2 砌筑水泥

砌筑水泥的特点是强度低，和易性好。和易性是指混凝土拌合物易于施工操作（搅拌、运输、浇筑、捣实）并能获得质量均匀、成型密实的性能，又称为工作性。

3.2.3 白色硅酸盐水泥和彩色硅酸盐水泥

由白色硅酸盐水泥熟料加入适量石膏和磨细制成的水硬性胶凝材料组成，称为白色硅酸盐水泥（简称白水泥）。不同的是在配料和生产过程中严格控制着色氧化物（Fe_2O_3、MnO、Cr_2O_3、TiO_2 等）的含量，并磨细、漂白处理因而呈白色。白水泥按其强度分为 32.5、42.5、52.5、62.5 四个强度等级。

彩色水泥是用白水泥熟料，适量石膏和耐碱矿物颜料共同磨细而制成；或在白水泥生料中加入适当金属氧化物作着色剂，在一定燃烧气氛中直接烧成彩色水泥熟料。常用的有氧化铁（红、黄、褐、黑色）、氧化锰（褐、黑色）、氧化铬（绿色）、群青（蓝色）和赭石（赭色）等。

白水泥和彩色水泥广泛地应用于建筑装修中，如制作彩色水磨石、饰面砖、锦砖、玻璃马赛克以及制作水刷石、斩假石、水泥花砖等。

3.2.4 低热矿渣硅酸盐水泥

由适当成分的硅酸盐水泥熟料，加入矿渣、适量石膏，磨细制成的具有低水化热的水硬性胶凝材料组成，称为低热矿渣硅酸盐水泥，简称低热矿渣水泥。其中矿渣的掺量按质量计为 20%~60%，允许用不超过混合材料总量 50% 的磷渣或粉煤灰代替部分矿渣。

3.2.5 快凝快硬硅酸盐水泥

凡以硅酸盐水泥熟料和适量石膏磨细制成的，以 3d 甚至更短时间抗压强度表示强度等

级的水硬性胶凝材料称为快硬硅酸盐水泥（简称快硬水泥）。双快水泥用于紧急抢修工程，10min 初凝，1h 就能终凝，4h 就能达到强度要求。

3.2.6 膨胀水泥

由硅酸盐水泥熟料与适量石膏和膨胀剂共同磨细制成的水硬性胶凝材料。按水泥的主要成分不同，分为硅酸盐、铝酸盐和硫铝酸盐型膨胀水泥。按水泥的膨胀值及其用途不同，又分为收缩补偿水泥和自应力水泥两大类。例如，明矾石膨胀水泥，解决缝隙问题，如后浇带。

3.2.7 铝酸盐水泥

铝酸盐水泥是以石灰岩和矾土为主要原料，配制成适当成分的生料，烧至全部或部分熔融所得以铝酸钙为主要矿物的熟料，经磨细而成的水硬性胶凝材料，代号 CA。

铝酸盐水泥的性能与应用：

1）早期强度很高，故适用于工期紧急的工程，如国防、道路和紧急抢修工程。

2）抗渗性、抗冻性好。铝酸盐水泥拌和需水量少，水泥石孔隙率很小。

3）抗腐蚀性好。产物中不含有氢氧化钙，另外氢氧化铝凝胶包裹其他水化产物，水泥石孔隙率很小，适合抗硫酸盐腐蚀工程。

4）水化放热极快且放热量大，不得应用于大体积混凝土工程。

5）耐热性好。高温下产生烧结作用，具有良好的耐高温性能，较高的强度。

6）长期强度降低较大，不适合长期承载结构。

7）高温或高湿度条件下强度显著降低，不宜在高温或高湿环境中施工或使用。

3.3 水泥的验收、检验与储运

3.3.1 水泥的验收

水泥经过采购、进场、施工单位自检和复试（监理见证取样），向监理报验，合格后入库，不合格退场。合格品向监理报验使用、入库、储存及保管，过了一定期限复检。

1）核对合格证，填写是否齐全，各项指标是否合格。

2）水泥的品种、强度等级和数量是否与销售合同一致。

3）取样时同时检查水泥的外观质量，包括：

① 从水泥的颜色来鉴别水泥的品种。

② 从水泥袋的外包装上来鉴别水泥的品种、等级。

4）水泥数量的检验。一般袋装水泥，每袋净重 50kg，且不得少于标准质量的 99%；随机抽取 20 袋，总质量不得少于 1000kg。

5）取样的时候还要注意查看水泥有无受潮结块现象（此现象刚进场的时候很少见，在工地放置一定时间才可能有这个现象）。

6）水泥质量评定：水泥验收应以同一水泥厂、同品种、同强度等级以及同一出厂日期的水泥按 200t 为一验收批。常规检验项目包括细度、需水量、凝结时间、体积安定性、抗折强度和抗压强度。

3.3.2 试验室自检结果判定

1）不合格水泥的评定：凡细度、终凝时间、不熔物和烧失量以及混合材料掺加量有一项不符合标准，或强度低于强度等级，水泥包装袋上没有标品种、强度等级、单位或出厂编号时，都作为不合格品处理。

2）废品的评定：氧化镁（MgO）含量、三氧化硫（SO₃）含量、初凝时间和体积安定性四项指标非常重要，其中一项不达标就作为废品处理。

3.3.3　水泥的储存

1. 库内储存（图 3-22）

1）分别储存，严禁混杂。按不同的品种、强度等级、出厂编号和进场时间分别堆放。

2）施工中不能随意换用品种或混合使用。

3）防潮，保护空气流动。地面地势要高，有防潮措施，水泥库内保持干燥，垛高不超过 10 袋，距离四周墙壁一般为 30cm，各垛之间留有宽不小于 70cm 的通道便于通风。

4）坚持先到先用的原则。

2. 露天堆放

一般尽量避免露天堆放袋装水泥，应该选择地势较高、夯实平整的地面，下垫上盖，堆满整齐，做好防潮工作，避免水泥结块，如图 3-23 所示。

图 3-22　水泥库内储存　　　　　图 3-23　露天堆放

3. 储存期限

水泥受潮是指水泥中的活性矿物与空气中的水分和二氧化碳发生水化反应，使水泥变质的现象，称为水泥受潮（也称风化）。结果：凝结迟缓，强度也逐渐降低，影响使用。受潮处理：粉块捏碎，硬块筛除，按实测强度使用。

一般储存 3 个月以上的水泥，强度约降低 10%～20%，6 个月约降低 15%～30%，一年后约降低 25%～40%。

存放期超过 3 个月的通用水泥和超过 1 个月的快硬水泥，使用前必须复验其强度和安定性，并按复验结果使用。

使用水泥注意事项：立窑水泥（小水泥厂质量不稳定）及安定性不合格的水泥严禁使用。

3.4　水泥的检测

1. 取样

水泥检验应按照同一生产厂家、同一等级、同一品种、同一批号且连续进场的水泥，袋装不超过 200t 为一检验批，散装不超过 500t 为一检验批，每检验批抽样不少于一次。取样应具有代表性，可以连续取，也可以从 20 个以上不同部位抽取等量样品，总量至少 12kg。

2. 通用水泥细度检测

（1）主要设备仪器

负压筛析仪和天平。

建筑材料与检测

（2）检测步骤

1）筛析试验前，把负压筛放到筛座上，盖上筛盖，接通电源，检查控制系统，调节负压至 4000～6000Pa 范围内。

2）称取试样 25g，放入负压筛中，盖上筛盖，开动筛析仪连续筛析 2min。在此期间如有试样附着在筛盖上，可轻轻敲击，使试样落下，筛毕，用天平称量筛余物。

（3）结果计算

水泥试样筛余百分数按下式计算

$$F = \frac{m_a}{m} \times 100\%$$

式中　F——水泥试样的筛余百分数（%）；

m_a——水泥筛余物的质量（g）；

m——水泥试样的质量（g）。

计算结果准确到 0.1%。

3. 标准稠度用水量检测

（1）主要仪器设备

水泥净浆搅拌机，维卡仪，量筒，天平，试模。

（2）检测步骤

1）试验前先将水泥净浆搅拌机的搅拌锅和叶片用湿布擦净，后将拌和水（用量筒首次量 142.5mL）倒入搅拌锅内，然后在 5～10s 内将称好的 500g 水泥（用天平称取）加入水中。

2）启动搅拌机，低速搅拌 120s，停 15s，再高速搅拌 120s，停机。

3）拌和结束后，立即取适量水泥净浆一次性装入玻璃底板的试模中，用小刀插捣试模内的浆体并轻轻振动数次，使其排除浆体中的孔隙，将上表面多余的净浆去掉，刮平，使其表面光滑。然后迅速将试模和底板移到维卡仪上，并将中心定在试杆下，降低试杆直至与水泥净浆表面接触，拧紧螺钉 1～2s 后突然放下，使试杆垂直沉入浆中。在试杆停止时记录试杆距底板之间的距离，升起试杆后，立即擦净。

（3）检测结果

以试杆沉入净浆并距底板（6±1）mm 的水泥净浆为标准稠度净浆，其拌和水量为水泥的标准稠度用水量，按水泥质量的百分比计。

4. 水泥凝结时间检测

（1）主要仪器设备

凝结时间测定仪，量筒，天平，标准养护箱。

（2）检测步骤

1）试件制备。用以上标准稠度用水量的方法制备出标准稠度净浆试件，然后放入标准养护箱内，并记录开始加水的时间作为凝结时间的起始时间。

2）初凝时间测定。养护至加水后 30min 时进行第一次测定。测定时，从养护箱内取出试模放到试针下，使试针与净浆面接触，拧紧螺钉 1～2s 后突然放松，试针垂直自由沉入净浆，观察试针停止下沉时指针读数。当试针沉至距底板 3～5mm 时，即为水泥的初凝状态。

3）终凝时间测定。在完成初凝时间测定后，将试模连同浆体从玻璃板上平移取下，再倒扣在玻璃板上，然后放入养护箱内继续养护，临近终凝时每隔 15min 测定一次，并同时记录测定时间。

42

（3）检测结果

1）初凝时间确定：当试针沉至距底板（4±1）mm时，为初凝时间。从水泥加水至初凝状态的时间为初凝时间，用"min"表示。

2）终凝时间确定：当试针沉入试体0.5mm时为终凝状态。从水泥加水至终凝状态的时间为终凝时间，用"h"表示。

5. 水泥安定性检测

（1）主要仪器设备

雷氏夹，雷氏夹膨胀值测量仪，水泥净浆搅拌机，沸煮箱，标准养护箱。

（2）检测步骤

1）雷氏法

① 将雷氏夹放在已擦油的玻璃板上，将已制好的标准稠度净浆一次装满试模，并用小刀在浆体表面轻轻插捣数次然后抹平，上面盖上涂油的玻璃板，然后立即放入养护箱内养护（24±2）h。

② 调整好沸煮箱的水位，既保证在整个沸煮过程中水都超过试件，同时又保证能在（30±5）min内升至沸腾。

③ 脱去玻璃板取下试件，测量雷氏夹指针尖端间的距离（A），精确到0.5mm，接着将试件放入水中篦板上，指针朝上，试件之间互不交叉，然后在（30±5）min内加热至沸腾并保持恒沸3h±5min。

④ 沸煮结束后，立即放掉沸煮箱中的热水，冷却至室温，取出试件，测量雷氏夹指针尖端间的距离（C），精确到0.5mm。

2）试饼法：

① 将制好的净浆取出一部分分成两等份，呈球形，放在预先准备好的玻璃板上，轻轻振动玻璃板并用湿布擦过的小刀由边缘向中间抹动，做成直径70~80mm、中心厚约10mm、边缘渐薄、表面光滑的试饼，然后将试饼放入养护箱内养护（24±2）h。

② 脱去玻璃板取下试件，先检查试饼是否完整（确保无开裂翘曲），在无缺陷的情况下，将试饼放入沸煮箱内，然后在（30±5）min内加热至沸腾并保持恒沸3h±5min。

③ 沸煮结束后，立即放掉沸煮箱中的热水，冷却至室温，取出试饼观察测量。

（3）检测结果

1）雷氏法：测量雷氏夹指针尖端间的距离，记录至小数点后一位。当两个试件沸煮后增加距离（C-A）的平均值不大于5.0mm时，即认为该水泥安定性合格；当两个试件煮沸后增加距离（C-A）的平均值大于5.0mm时，应用同一样品立即重做，以复检结果为准。

2）试饼法：目测未发现裂缝，用直尺检查也没有弯曲为合格；反之为不合格。当两个试饼判别有矛盾时，为不合格。

6. 水泥胶砂强度检测

（1）主要仪器设备

胶砂搅拌机，试模，振动台，电动抗折强度试验机，抗压强度试验机，抗压夹具。

（2）检测步骤

1）配合比：胶砂的质量配合比应为水泥∶标准砂∶水=1∶3∶0.5，一锅胶砂成型3个试体，需要水泥试样为（450±2）g，标准砂为（1350±5）g，水为（225±1）g。

2）搅拌：把水加入锅内，再加入水泥，把锅放在固定架上，上升至固定位置后开动搅拌机，低速搅拌30s后，在第二个30s开始的同时，均匀的将砂子加入。然后把机器转至高

速，再拌 30s，停拌 90s，在第一个 15s 内，用胶皮刮具将叶片和锅壁上的胶砂刮入锅中，高速搅拌 60s。

3）成型：胶砂制备后立即进行成型。将空试模和模套固定在震实台上，然后将胶砂分两次装入试模。装第一层时，每个槽内约放 300g 胶砂，震实 60 次，再装入第二层胶砂，再振实 60 次。然后在振动台上取下试模，用金属刮平尺以近似 90° 的角度架在试模顶的一端，然后沿试模长度方向以横向锯割动作慢慢向另一端移动，一次性将超过试模部分的胶砂刮去，并用同一直尺近乎水平的情况下将试体表面抹平。在试模上做标记，加字条标明试件编号和试件相对于震实台的位置。

4）养护：将标记好的试模放入养护箱内至规定时间拆模，对于 24h 龄期的试件，应在试验前 20min 内脱模，并用湿布覆盖至试验。对于 24h 以上龄期的试件，应在成型后 20 ~ 24h 内脱模，并放在相对湿度大于 90% 的标准养护室或水中养护，温度为（20 ± 1）℃。

5）试验

① 抗折强度试验：将试体一个侧面放在试验机支撑圆柱上，试体长轴垂直于支撑圆柱，通过加荷载，圆柱以（50 ± 10）N/s 的速率均匀的将荷载垂直加在棱柱体相对侧面上，直至折断。保持两个半截棱柱体处于潮湿状态直至抗压试验。

② 抗压强度试验：通过规定的仪器，在半截棱柱体的侧面上进行。半截棱柱体中心与压力机压板受压中心差应在 ±0.5mm 内，棱柱体露在压板外的部分约有 10mm。在整个加荷过程中以（2400 ± 200）N/s 的速率均匀的加荷直至破坏。

（3）检测结果

1）抗折强度计算

$$f_{ce,f} = 1.5 F_f L / b^3$$

式中 F_f——折断时施加于棱柱体中部的荷载（N）；

L——支撑圆柱之间的距离（100mm）；

b——棱柱体正方形截面的边长（mm）。

以一组三个棱柱体抗折强度的平均值为试验结果，当三个强度值中有一个超出平均值 ± 10% 时，应剔除后再取平均值作为抗折强度试验结果。

2）抗压强度计算

$$f_{ce} = F_c / A$$

式中 F_c——破坏时的最大荷载（N）；

A——受压部分面积（mm^2）（40mm × 40mm = 1600mm^2）。

以一组三个棱柱体上得到的六个抗压强度的算术平均值为试验结果。当六个测定值中有一个超出平均值的 ± 10%，就应剔除这个数值，以剩下五个的平均值为结果。如果五个测定值中，再有超过它们平均值 ± 10% 的，则此组结果作废。

最终，水泥检测报告见表 3-5。

表 3-5　水泥检测报告

委托单位：××　　　　　　　　　　　　　　　　　　　　　　　　统一编号：××

工程名称	××	委托日期	2018. 01. 15
使用部位	同步注浆	报告日期	2018. 01. 19
水泥品种及强度等级	通用硅盐酸水泥 P·O　42.5	代表批量	14t
生产厂家及批号	×××水泥	检测类别	委托检测

（续）

样品状态	色泽均匀，粉状无结块				
检测项目	标准要求	实测结果	检测项目	标准要求	实测结果
标准稠度用水量	试杆下沉距底板（6±1）mm	28.0%	安定性	无弯曲无裂缝	无弯曲无裂缝
初凝时间	≥45min	153min	终凝时间	≤600min	245min
—	—	—			
强度	抗折强度/MPa		抗压强度/MPa		
龄期	3d	28d	3d		28d
标准要求	≥3.5	≥6.5	≥17.0		≥42.5
单块强度实测值	5.3	—	30.6	29.5	—
	5.4	—	29.3	30.1	—
	5.2	—	28.9	30.5	—
强度代表值	5.3	—	29.8		—
依据标准	《通用硅酸盐水泥》（GB 175—2007）				
检测结论	该送检样品经检验，所检指标符合标准要求。				
备注	最终正式报告结果以28d为准（袋装） 见证单位：×× 见证人：××　　　　　取样人：××				
声明	1. 本检测报告无检验检测专用章和计量认证专用章无效；无检测、审核、批准签字无效。 2. 本检测报告结论不含无标准要求的实测结果，该数据仅供委托方参考。 3. 若有异议或需要说明之处，请于出具报告之日起15日内书面提出，逾期不予受理。 4. 未经本检验检测机构书面批准，不得复制该报告。 5. 地址：×××电话：×××　邮政编码：×××				

检测单位：×××建筑工程检测公司　　批准：　　　审核：　　　检测：

本章练习题

1. 熟料中的四种矿物成分是什么？
2. 生产水泥为什么要加入适量石膏？
3. 硅酸盐水泥的强度等级如何确定？
4. 五种通用水泥的区别是什么？
5. 如何鉴别和处理水泥的受潮？

第 4 章

混 凝 土

【技能目标】

1. 能正确使用检测仪器对混凝土用砂石级配、混凝土拌合物的和易性以及混凝土强度进行检测，并依据国家标准进行评价。

2. 会正确阅读混凝土用砂石和混凝土强度质量检测报告。

【知识目标】

1. 掌握混凝土各组成材料的各项技术要求。

2. 掌握混凝土的技术性能及检验方法。

3. 了解混凝土配合比设计的思路、配合比报告。

4. 了解轻混凝土及其他混凝土的特点与应用。

【情感目标】

1. 提高互助协作意识，小组内分工合作进行砂石和混凝土的检测。

2. 克服困难、循序渐进，逐步掌握混凝土知识和技能，提高学习的自信心。

混凝土，简称"砼（tóng）"，是由胶凝材料、集料（也称骨料）和水，必要时加入外加剂和掺合料按适当比例配制，经均匀搅拌，密实成型，养护硬化而成的人工石材。

自 1849 年法国人朗波首次使用混凝土结构以来，经过一百多年的发展，混凝土已经成为现代土木工程中用量最大、用途最广的建筑材料，广泛应用于工业与民用建筑、铁路、公路、桥梁隧道、水工结构及海港、军事等土木工程。混凝土按照胶凝材料种类可分为：

1）无机胶凝材料混凝土，如水泥混凝土、石膏混凝土或水玻璃混凝土等，如图 4-1 所示。

水泥混凝土　　　　　　　　石膏混凝土　　　　　　　水玻璃混凝土

图 4-1　无机胶凝材料混凝土

2）有机胶凝材料混凝土，如沥青混凝土、聚合物混凝土或树脂混凝土等，如图 4-2 所示。

通常讲的混凝土一词是指水泥混凝土，即水泥混凝土简称为混凝土，其他都要说明胶凝材料。

沥青混凝土

聚合物混凝土

树脂混凝土

图 4-2　有机胶凝材料混凝土

1. 混凝土的优缺点

优点：

1）原料丰富，就地取材，价格低廉，可充分利用粉煤灰、矿渣、硅灰等工业废料。

2）可塑性好，满足形状尺寸要求，与钢筋黏结牢固。

3）抗压强度高，耐久性好，强度等级范围宽。

4）施工方便，适用范围广，维修费用低。

缺点：

自重大；抗拉强度低，变形能力小，脆性，一拉就裂；养护时间长，破损后不易修复，施工质量波动性较大。

2. 分类

1）按照表观密度的大小不同，分为重混凝土、普通混凝土和轻混凝土。普通混凝土为干表观密度为 2000~2800kg/m³ 的水泥混凝土，集料为普通砂、石。重混凝土如重晶石混凝土或钢屑混凝土等，它们具有不透 γ 射线和 γ 射线的性能。轻混凝土干表观密度小于 1950kg/m³，有三类：轻骨料混凝土、多孔混凝土和大孔混凝土。

2）按用途不同，分为结构混凝土、保温混凝土、装饰混凝土、防水混凝土、耐火混凝土、水工混凝土、海工混凝土、道路混凝土和防辐射混凝土等。

3）按施工方法不同，分为泵送混凝土、喷射混凝土、离心混凝土、压力灌浆混凝土、碾压混凝土、挤压混凝土和真空混凝土等，如图 4-3~图 4-6 所示。

图 4-3　泵送混凝土

图 4-4　喷射混凝土

图 4-5　离心混凝土　　　　　　　图 4-6　碾压混凝土

4）按配筋方式不同，分为素（即无筋）混凝土、钢筋混凝土、钢丝网水泥、纤维混凝土和预应力混凝土等。

4.1　普通混凝土的组成材料

普通混凝土由水泥、砂、石子及水组成，必要时加入了外加剂和矿物掺和料。各种组成材料所占比例不同，作用不同。水泥和水形成的水泥浆占 30% 左右，作用是包裹砂石并填充其空隙，赋予混凝土流动性；润滑骨料，通过凝结硬化把各种材料胶凝成一个整体，并产生强度。粗细集料占 70% 左右，作用是形成骨架，抑制干缩裂缝，提高耐磨性。各种材料的要求如下。

4.1.1　水泥

1. 品种

根据工程特点（部位）、环境、设计和施工的要求，结合水泥的特点和适用范围，选择适宜的品种。

2. 强度等级

水泥强度等级的选择应与混凝土的设计强度等级相适应。一般情况下，水泥的强度等级 = 1.5×混凝土强度等级，C60 及以上的高强混凝土一般取 0.9 倍。

4.1.2　细骨料

根据《普通混凝土用砂、石质量和检验方法标准》（JGJ 52—2006）公称粒径大于 5mm 的为粗骨料，采用石子；粒径小于 5mm 的为细骨料，采用砂。砂筛应采用方孔筛，公称粒径 5mm 的，方孔筛筛孔边长为 4.75mm。《建筑用砂》（GB/T 14684—2001）中是以 4.75mm 为界限，分析粒径时所用筛为圆孔。

1. 分类（图 4-7）

图 4-7　天然砂和人工砂

1）天然砂，自然生成的，经人工开采和筛分的粒径小于 5mm 的岩石颗粒。

按产源分为：①河砂；②湖砂；③淡化海砂；④山砂。前三种接近圆粒，流动性好。

2）人工砂，包括机制砂、混合砂，成本偏高。

2. 物理性质

1）表观密度大于 2500kg/m³，松散堆积密度大于 1350kg/m³，空隙率小于 47%。

2）随含水率的增加，体积先增大后减小（先膨胀后回缩）。

试验室给出的配合比中砂的用量是按烘干状态计算的，施工时要换算成施工配合比。

3. 技术要求

按技术要求分为Ⅰ、Ⅱ和Ⅲ三类。推荐：Ⅰ类宜用于强度等级大于 C60 的混凝土；Ⅱ类宜用于强度等级在 C30~C60 范围内及抗冻、抗渗或其他要求的混凝土；Ⅲ类要求低，宜用于强度等级小于 C30 的混凝土和砂浆。

（1）颗粒级配与粗细程度

1）颗粒级配是指各种粒径在骨料中所占的比例。砂的级配好，颗粒大小搭配得好，空隙率小，这样填充空隙所用的水泥浆少，形成的骨架密实，省水泥，如图 4-8 所示。

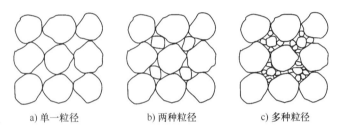

a) 单一粒径　　　　b) 两种粒径　　　　c) 多种粒径

图 4-8　骨料颗粒级配示意图

2）粗细程度是指不同粒径的砂粒混合在一起总体的粗细程度。砂的粗细程度影响单位质量砂的总表面积。最好的是Ⅱ级砂——中砂。粗细程度适宜，总表面积较小，包裹颗粒所用的水泥浆少，较经济。

3）表示方法：砂按细度模数分为粗、中、细三种规格，细度模数在 1.6~2.2 之间是细砂，在 2.3~3.0 之间是中砂，在 3.1~3.7 之间是粗砂。

颗粒级配用级配区或级配曲线表示，见表 4-1，处在国家标准给定的任何一个区域（1区、2 区或 3 区）都是级配合格的砂。处在 2 区的中砂粗细适宜，性能良好，只有 2 区砂才能成为Ⅰ类砂。配制混凝土时，宜优先选用 2 区砂，采用 1 区砂时，应提高砂率，并保持足够的水泥用量；采用 3 区砂时，宜适当降低砂率。泵送混凝土，宜采用中砂。

4）判断过程：称取 500g 烘干砂进行筛分析试验，如图 4-9 所示，判断级配和粗细见表 4-2。

① 首先计算分计筛余率

$$\alpha = （筛余质量 \div 500）\times 100\%$$

再计算累计筛余率 A（本筛以上所有 α 相加）；

② 计算判断粗细

$$M_x = (A_2 + A_3 + A_4 + A_5 + A_6 - 5A_1)/(100 - A_1)$$
$$= (8 + 34 + 56 + 84 + 96 - 5 \times 3)/(100 - 3)$$
$$= 2.7$$

如判断 M_x 在哪个范围中，得出结论。$M_x = 2.7$，在 2.3~3.0 之间，属于中砂。

③ 判断级配，根据表4-1查看 A_4 属于哪个级配区。$A_4 = 56$，在2区。

④ 再将 $A_1 \sim A_6$ 与该区的范围对比，如全在其中，结论为级配良好。如果稍有超出，例如 $A_5 = 96\%$，也算级配合格，只要所有 A 总体偏差不超过5%即可。此题中，跟该区范围对比，A_1、A_2、A_3、A_5 和 A_6 均在其中，因此级配良好。

表4-1 普通混凝土用砂级配区的规定（GB/T 14684—2011）

方孔筛孔尺寸/mm	天然砂级配区		
	1 区	2 区	3 区
	累计筛余百分率（%）		
9.50	0	0	0
4.75	10～0	10～0	10～0
2.36	35～5	25～0	15～0
1.18	65～35	50～10	25～0
0.60	85～71	70～41	40～16
0.30	95～80	92～70	85～55
0.15	100～90	100～90	100～90

注：1. 对于砂浆用砂，4.75mm筛孔的累计筛余率应为0。

2. 除4.75mm和0.60mm筛外，可以略有超出，但各级累计筛余率超出值总和应不大于5%。

标准套筛　　　　　　　　　　　方孔筛

摇筛机　　　　　　　　　摇筛　　　　　　　　筛分后各粒级

图4-9 砂的筛分析试验

表4-2 筛分析试验分析

筛 子 编 号	筛孔尺寸/mm	分计筛余量/g	分计筛余率 a（%）	累计筛余率 A（%）
1	4.75	15	3	$A_1 = 3$
2	2.36	25	5	$A_2 = 8$
3	1.18	130	26	$A_3 = 34$
4	0.60	110	22	$A_4 = 56$
5	0.30	140	28	$A_5 = 84$
6	0.15	60	12	$A_6 = 96$
筛底	0	20	4	

（2）泥、石粉、泥块

泥是天然砂中粒径 $<75\mu m$ 微小颗粒，石粉是机制砂中粒径 $<75\mu m$ 微小颗粒，泥块是块粒径 $>1.18mm$，水洗手捏后 $<0.6mm$ 的颗粒，危害最大，两者都能降低混凝土强度，引起开裂。人工砂中的石粉有棱角，用量少才有益，起润滑作用，多则降低强度。泥和泥块含量应符合表 4-3 的规定。

表 4-3　含泥量和泥块含量

类　　别	Ⅰ类	Ⅱ类	Ⅲ类
含泥量（按质量计）（%）	≤1.0	≤3.0	≤5.0
泥块含量（按质量计）（%）	0	≤1.0	≤2.0

（3）有害物质含量

砂中有害杂质的限制见表 4-4。

表 4-4　砂中有害杂质的限制

类　　别	Ⅰ类	Ⅱ类	Ⅲ类
云母（按质量计）（%）	≤1.0	≤2.0	
轻物质（按质量计）（%）	≤1.0		
有机物（比色法）	合格		
硫化物及硫酸盐折算为（SO_3，按质量计）（%）	≤0.5		
氯化物（以氯离子质量计）（%）	≤0.01	≤0.02	≤0.06
贝壳（按质量计）（%）	≤3.0	≤5.0	≤8.0

（4）强度

天然砂：坚固性，采用硫酸钠溶液检验，试样经 5 次循环后的质量损失应符合表 4-5 的规定。

表 4-5　砂的坚固性

类　　别	Ⅰ类	Ⅱ类	Ⅲ类
质量损失（%）	≤8		≤10

机制砂：除满足以上规定外，压碎指标还应满足表 4-6 的规定。

表 4-6　机制砂的压碎指标

类　　别	Ⅰ类	Ⅱ类	Ⅲ类
单级最大压碎指标（%）	≤20	≤25	≤30

4.1.3　粗骨料

粗骨料采用石子，与砂的区别是粒径大，公称粒径在 5mm 以上。

1. 分类

石子分为卵石和碎石。卵石优点：形状接近球形，流动性好。碎石优点：多棱角，与水泥石结合牢固，与卵石混凝土相比碎石混凝土的强度要高 10%～20%。接近球形或正方体的碎石较好，流动性好，如图 4-10 所示。

2. 物理性质

粗骨料表观密度不小于 $2600kg/m^3$，松散堆积空隙率：Ⅰ类≤43％，Ⅱ类≤45％，Ⅲ类≤47％。

3. 技术要求

（1）颗粒级配

与砂子颗粒级配原理相同，级配见表4-7。

图4-10　卵石与碎石

不同点：石子级配有两种情况，连续级配用于配普通混凝土；单粒级配用于调整级配。《建设用卵石、碎石》（GB/T 14685—2011）和《普通混凝土用砂石标准》（JGJ 52—2006）的主要区别是"5～10"的级配属于连续粒级还是单粒级。

1）连续级配，粒径从小（5mm）到大（可以是16mm、20mm、25mm、31.5mm、40mm）连续分级，用于配普通混凝土。

2）单粒级配，粒径从中间抽取，如：粒径为5～31.5mm是连续粒级，为16～31.5mm则是单粒级。作用：①改善级配。如：粒径为5～31.5mm的偏细，粗粒少，可以加入粒径为16～31.5mm的单粒级。②配成较大粒径的连续级配，如大坝混凝土用石子，粒径为5～40mm的单粒级，加入粒径为40～80mm的单粒级，得到粒径为5～80mm的连续级。

表4-7　石子的级配《建设用卵石、碎石》（GB/T 14685—2011）

公称粒级/mm		累计筛余（％）										
		方孔筛/mm										
		2.36	4.75	9.50	16.0	19.0	26.5	31.5	37.5	53.0	63.0	75.0	90.0
连续粒级	5～16	95～100	85～100	30～60	0～10	0							
	5～20	95～100	90～100	40～80	—	0～10	0						
	5～25	95～100	90～100	—	30～70	—	0～5	0					
	5～31.5	95～100	90～100	70～90	—	15～45	—	0～5	0				
	5～40	—	95～100	70～90	—	30～65	—	—	0～5	0			
单粒粒级	5～10	95～100	80～100	0～15	0								
	10～16		95～100	80～100	0～15								
	10～20		95～100	85～100		0～15	0						
	16～25			95～100	55～70	25～40	0～10						
	16～31.5		95～100		85～100			0～10	0				
	20～40			95～100		80～100			0～10	0			
	40～80					95～100			70～100		30～60	0～10	0

（2）最大粒径

公称粒级的上限反映石子的粗细程度。如：粒级5～40mm上限40mm为最大粒径。

最大粒径选用原则：在条件许可时，尽量选粒径大的。应根据结构物的种类、尺寸、钢筋的间距等选择最大粒径。《混凝土结构施工质量验收规范》（GB 50204—2015）具体规定：一般构件，最大粒径不得大于结构物最小截面的最小边长的1/4，同时不得大于钢筋间最小净距的3/4。对于混凝土实心板，允许采用最大粒径为1/3板厚的颗粒，同时最大粒径不得超过 40mm。

例如，钢混凝土梁 250mm × 500mm × 6000mm，钢筋净距 50mm，则用的粗骨料最大粒径：≤250mm × 1/4 = 62.5mm，同时≤50mm × 3/4 = 37.5mm，应选连续级配 5 ~ 31.5mm。

例如，厚 100mm 的实心板。应选 5 ~ 31.5mm 级配的石子。

（3）泥及泥块含量控制

两者相比，对石子要求更严格一点，见表 4-8。

表 4-8　含泥量和泥块含量

类　别	Ⅰ类	Ⅱ类	Ⅲ类
含泥量（按质量计）（%）	≤0.5	≤1.0	≤1.5
泥块含量（按质量计）（%）	0	≤0.2	≤0.5

（4）有害物质限量（见表 4-9）

表 4-9　有害物质限量

类　别	Ⅰ类	Ⅱ类	Ⅲ类
有机物	合格	合格	合格
硫化物及硫酸盐（按 SO_3 质量计）（%）	≤0.5	≤1.0	≤1.0

（5）坚固性

坚固性是指抗破裂能力，用硫酸钠溶液检验，试样经 5 次循环后，对质量损失控制见表 4-10。

表 4-10　坚固性指标

类　别	Ⅰ类	Ⅱ类	Ⅲ类
质量损失（%）	≤5	≤8	≤12

（6）强度

直接办法：岩石的抗压强度应比配制的混凝土抗压强度至少高 20%。混凝土等级≥C60 时，应进行岩石抗压强度检验。工程中可采用压碎指标值进行质量控制。

间接办法：压碎指标见表 4-11，压碎指标测定仪和试验过程如图 4-11 所示。

表 4-11　压碎指标

类　别	Ⅰ类	Ⅱ类	Ⅲ类
碎石压碎指标（%）	≤10	≤20	≤30
卵石压碎指标（%）	≤12	≤14	≤16

（7）针片状颗粒

对强度、流动性有害。其含量的控制见表 4-12，含量的测定用针状和片状规准仪，如图 4-12 所示。

表 4-12　针片状颗粒含量

类　别	Ⅰ类	Ⅱ类	Ⅲ类
针、片状颗粒（按质量计）（%）	≤5	≤10	≤15

建筑材料与检测

压碎指标值测定仪　　　　　　　压力试验机

图 4-11　石子压碎指标测定

图 4-12　针状规准仪和片状规准仪

长度大于所属粒级平均粒径的 2.4 倍的为针状颗粒。厚度小于平均粒径的 0.4 倍的为片状粒径。

4.1.4　拌合用水

混凝土拌和用水，一般用生活饮用水（市政水，井水），其他用水要经过检验，各项物质含量不得超标，海水要淡化处理而且只能应用在沿海地区素混凝土。

4.1.5　矿物掺合料

矿物掺合料是指在混凝土拌制过程中直接加入以天然矿物质或工业废渣为材料的粉状矿物质。其作用是改善混凝土性能，提高混凝土强度和耐久性；替代部分水泥，降低成本；有利于环境保护。矿物掺合料的主要品种：粉煤灰、硅灰、沸石粉和粒化高炉矿渣粉，如图 4-13 所示。

图 4-13　硅灰、沸石粉

54

4.1.6 外加剂

混凝土外加剂是在拌制混凝土过程中掺入的,用以改善混凝土性能的物质。进场要合格证,检测报告。掺量以水泥质量的百分比计。

分类:国家标准《混凝土外加剂》(GB 8076—2008)中按外加剂的主要功能将混凝土外加剂分为 4 类:

1)改善混凝土拌和物流变性能的外加剂,其中包括各种减水剂、引气剂和泵送剂等。

2)调节混凝土凝结时间和硬化性能的外加剂,其中包括缓凝剂、早强剂和速凝剂等。

3)改善混凝土耐久性的外加剂,其中包括引气剂、防水剂和阻锈剂等。

4)改善混凝土其他性能的外加剂,包括加气剂、膨胀剂、防冻剂、着色剂、防水剂和泵送剂等。

1. 减水剂

减水剂是指能保持混凝土的和易性不变,而显著减少其拌和用水量的外加剂。

(1)减水剂的减水作用

水泥加水拌和后,水泥颗粒间会相互吸引,形成许多絮状物。当加入减水剂后,减水剂能拆散这些絮状结构,把包裹的游离水释放出来。

(2)减水剂的技术经济效果

1)在保持和易性不变,也不减少水泥用量时,可减少拌和用水量5%~25%或更多。

2)在保持原配合比不变的情况下,可使拌合物的坍落度大幅度提高(可增大100~200mm)。

3)若保持强度及和易性不变,可节省水泥用量10%~20%。

4)提高混凝土的抗冻性和抗渗性,使混凝土的耐久性得到提高。

(3)常用减水剂

目前,减水剂主要有木质素系、萘系、树脂系、糖蜜系和腐殖酸等几类,常用品种为前两种。各类可按主要功能分为普通减水剂、高效减水剂、早强减水剂、缓凝减水剂和引气减水剂等几种,如图 4-14 所示。

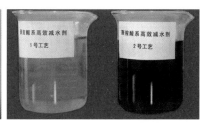

图 4-14　各类减水剂

2. 早强剂

早强剂是指能提高混凝土早期强度,并对后期强度无显著影响的外加剂。

常用的早强剂有氯盐、硫酸盐、三乙醇胺类及其复合物,如图 4-15 所示。早强剂的掺量要少,如氯盐早强剂,在混凝土干燥环境下仅为水泥质量的 0.6%,因为其对钢筋有腐蚀作用。

3. 引气剂

搅拌混凝土的过程中,能引入大量均匀分布,稳定而封闭的微小气泡的外加剂称为引气

图 4-15　各类速凝剂、早强剂

剂。引入直径为 0.05~1.25mm 的气泡,能改善混凝土的和易性,提高混凝土的抗冻性、抗渗性等,适用于港口、土工或地下防水混凝土等工程。

常用的产品有松香热聚物和松香皂等,此外还有烷基磺酸钠及烷基苯磺酸钠等,如图 4-16 所示。

图 4-16　各类引气剂

4. 防冻剂

能使混凝土在负温下硬化,并在规定时间内达到足够防冻强度的外加剂称为防冻剂。

在负温度条件下施工的混凝土工程须掺入防冻剂。一般防冻剂除能降低冰点外,还有促凝、早强、减水等作用,所以多为复合防冻剂,如图 4-17 所示。氯盐对钢筋有锈蚀,很多工程部位不允许使用。

 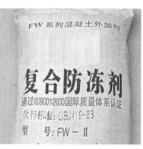  

图 4-17　各类防冻剂

常用的复合防冻剂有 NON-F 型、NC-3 型、MN-F 型、FW2、FW3 和 AN-4 等。

5. 膨胀剂

膨胀剂是指与水泥和水拌和后经水化反应生成钙矾石和氢氧化钙,使混凝土膨胀的外加剂。在钢筋约束下，这种膨胀转变成压应力，减少或消除混凝土干缩和初凝时的裂缝，改善混凝土的质量，水化生成的钙矾石能填充毛细孔隙，提高混凝土的耐久性和抗渗性，如图 4-18 所示。

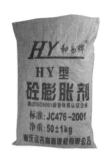

图 4-18　各类膨胀剂

6. 泵送剂

泵送剂是指改善混凝土泵送性能的外加剂。

泵送剂组分有减水组分、缓凝组分（调节凝结时间，增加游离水含量，从而提高流动性）及增稠组分（又称保水剂），如图 4-19 所示。含防冻组分的泵送剂适用于冬季施工的混凝土。

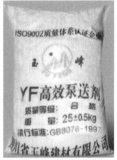

图 4-19　各类泵送剂

4.2　混凝土的主要技术性质

混凝土的技术性质主要包括硬化前、硬化中和硬化后的性质。硬化前的性质即混凝土拌和物的和易性，硬化中的性质主要指凝结硬化速度、收缩以及水化热等性质，硬化后石状物的性质主要有强度、耐久性和收缩、徐变等变形性能。

4.2.1　混凝土拌合物的和易性

混凝土拌合物指尚未硬化的新拌混凝土，其性质直接影响硬化后混凝土的质量，用和易性来衡量。

1. 和易性的概念

和易性是指混凝土拌合物易于施工操作（搅拌、运输、浇筑、振捣）并能获得质量均匀密实的混凝土的性能，也称工作性，即是否容易进行各项施工操作。和易性是一项综合性质，主要包括流动性、黏聚性、保水性三个方面。混凝土的施工操作如图 4-20 所示。

1）流动性（稠度）是在自重和机械振捣作用下，能流动并均匀密实地填满模板的性能。流动性好则操作方便，易于浇捣，成型密实。

| 混凝土搅拌 | 运输 | 泵送 |

| 浇筑 | 振捣 | 洒水覆膜养护 |

图 4-20　混凝土的施工操作

2）黏聚性：各组分有一定的黏聚力，不分层，能保持整体均匀的性能。黏聚性差则各组分分层、离析，硬化后混凝土产生蜂窝、麻面，影响混凝土强度和耐久性。

3）保水性是指拌合物保持水分不易析出的能力。保水性差会降低流动性，降低混凝土可泵性和工作性，甚至造成质量事故。或者聚集在混凝土表面，造成疏松；聚集在骨料、钢筋下面形成孔隙，削弱黏结力，降低承载力和耐久性。

三个方面互相联系，又常存在矛盾，在一定施工工艺的条件下，和易性是以上三方面性质的矛盾统一。

混凝土应具有良好的和易性，才便于施工，获得均匀密实的混凝土，从而保证强度和耐久性，否则就会出现质量缺陷，如图 4-21 所示。

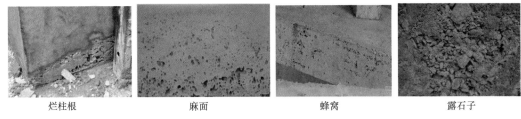

| 烂柱根 | 麻面 | 蜂窝 | 露石子 |

图 4-21　和易性对混凝土质量影响对比

2. 和易性的评定

根据《普通混凝土拌和物性能试验方法标准》（GB/T 50080—2016）规定：采用坍落度、维勃稠度或扩展度测定混凝土拌和物的流动性，辅以直观经验评定黏聚性和保水性，然后综合评定混凝土的和易性。坍落度法适用于测定坍落度不小于 10mm 的塑性混凝土拌合物的流动性。维勃稠度法适用于维勃稠度在 5~30s 之间的干硬性混凝土拌和物。

（1）坍落度

坍落度指混凝土拌和物在自重作用下坍落的高度，按照《普通混凝土拌和物性能试验方法标准》（GB/T 50080—2016）规定：测定步骤共有 5 个要点，如图 4-22 所示。

① 拌合物分三次装入；② 每层插捣 25 次；③ 抹平；④ 竖直向上提筒，并在 3~7s 内完成；⑤ 拌和物因自重而向下坍落 30s 或停止坍落时，测坍落筒顶面与混凝土最高点的高度差（mm）。

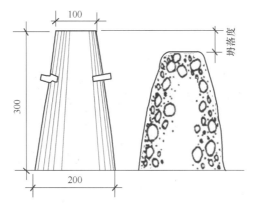

实验原理

坍落筒

拌制混凝土拌合物

分层装入

分层插捣

抹平

垂直向上提桶

测量高度差(mm)即为坍落度

图 4-22　坍落度的测定

最后从侧面用捣棒轻轻敲击，判断其黏聚性，观察周围稀浆，判断保水性，综合评定和易性，如图 4-23 所示。

图 4-23　评定和易性

表 4-13　混凝土按照坍落度分级

级　别	坍落度/mm	允许偏差/mm
S1	10～40	±10
S2	50～90	±20
S3	100～150	±30
S4	160～210	±30
S5	>220	±30

坍落度过小的混凝土施工不便，影响质量甚至造成事故；过大则用水量过多，混凝土强度降低，耐久性变差。选择原则是在满足施工要求的前提下，尽可能选用较小坍落度的混凝土，以节约水泥并获得较高质量的混凝土。根据《混凝土质量控制标准》（GB 50164—2011），混凝土按照坍落度进行分级，见表 4-13，坍落度为 10～90mm 的为塑性混凝土，100～150mm 的为流动性混凝土，160mm 及以上的为大流动性混凝土。浇捣时的坍落度见表 4-14 所示，泵送混凝土时坍落度不小于 100mm，也不宜大于 180mm。

表 4-14　浇筑时坍落度选择

项　次	结构种类	坍落度/mm
1	基础或地面等的垫层、无筋的厚大结构（挡土墙、基础或厚大的块体等）或配筋稀疏的结构	10～30
2	板、梁和大型及中型截面的柱子等	30～50
3	配筋密列的结构（薄壁、斗仓、筒仓、细柱等）	50～70
4	配筋特密的结构	70～90

（2）维勃稠度

维勃稠度是指按标准方法成型的截头圆锥形混凝土拌合物，经振动至摊开水泥浆沾满透明圆盘的时间（s），测试过程如图 4-24 所示。维勃稠度值越大，混凝土拌合物流动性越差，越干硬。干硬混凝土按维勃稠度及允许偏差的大小分 5 级，见表 4-15。

湿润容器与工具　　　　　　　分三层装筒　　　　　　　每层插捣25次

抹平　　　　将透明圆盘置于混凝土上　　　开动振动台,至透明圆盘沾满净浆

图 4-24　维勃稠度试验

表 4-15　混凝土按维勃稠度分级

级　　别	维勃稠度/s	允许偏差/s
V0	≥31	±3
V1	30 ~ 21	±3
V2	20 ~ 11	±3
V3	10 ~ 6	±2
V4	5 ~ 3	±1

　　坍落度小于 10mm 且须用维勃稠度表示其稠度的混凝土为干硬性混凝土。干硬性混凝土与塑性混凝土不同之处是石子多,用水量少,流动性小;水泥相同时,强度高。形成的不是包裹型的结构,而是嵌固型的结构,但是施工难度大,不易控制,因此应用很少,应用最多的是塑性、流动性混凝土。

3. 影响和易性的主要因素

　　1) 水泥浆含量。在混凝土中骨料间相互摩擦,是干涩无流动性的,拌合物的流动性或可塑性主要取决于水泥浆。骨料量一定时,水泥浆越多,流动性越好。

　　2) 水灰比。即水与水泥质量之比 W/C,是重要参数,说明稀稠程度,一般情况下不变动。

　　水灰比过大,水泥浆太稀,容易产生严重离析及泌水现象;过小,因流动性差而难于施工,通常水灰比在 0.40 ~ 0.70 之间,并尽量选用水灰比小的混凝土。

　　3) 砂率 β_s。砂率反映砂石总的粗细程度。β_s 指砂质量占砂石质量的百分数,是反映砂石比例的指标。$\beta_s = m_s/(m_s + m_g)$,$\beta_s$ 增大,砂增多,骨料总体粗细程度越细。β_s 过小(石子多浆易流失、干涩),混凝土的流动性越差;β_s 越大(总体细、干稠),混凝土的流动性越好。应该选择一个合理(最佳)砂率,如图 4-25 和图 4-26。

　　合理砂率指的是指混凝土拌合物获得所需要的流动性、良好的黏聚性与保水性,而水泥用量为最少的砂率值。

建筑材料与检测

4）温度。温度是外因，温度升高，混凝土的流动性降低，变稠。温度每升高10℃，坍落度大约减少20~40mm，所以夏季要考虑温度的影响，设计配合比时应适当增加用水量。

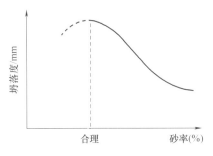

图4-25　砂率对流动性的影响

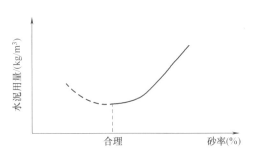

图4-26　砂率对水泥用量的影响

材料的品种、水泥的品种、细度、集料的品种、混凝土的掺加料、外加剂以及施工条件等都会影响混凝土的和易性。

4. 改善和易性的措施

1）改善砂、石的级配。

2）采用合理砂率。

3）较少采用针片状颗粒，较多采用接近于球形或正方体形状的颗粒。

4）当坍落度小时，应保持水灰比不变，适当增加水泥浆用量；或者保持砂率不变，减少砂石用量。

当坍落度大甚至黏聚性、保水性差时，与上述相反；如果不奏效，则需要增大砂率。

4.2.2 混凝土拌合物凝结硬化中的性质

1. 凝结硬化

混凝土与水泥情况基本一致，反应中有水化放热现象，硬化后体积收缩。反应速度与水泥品种、用量、配合比例、环境及施工方法有关。

2. 体积收缩

收缩的分类如下：

1）沉缩（塑性收缩）：是指密度大于水的颗粒下沉，紧贴。

2）自生收缩（化学收缩）：是由水泥水化反应引起，反应物体积大，而生成物体积小。

3）干燥收缩（物理收缩）：是由水分蒸发引起，通过施工可以减轻，这种收缩影响最大。

体积收缩情况：水泥净浆收缩最大，水泥砂浆居中，混凝土最小。

3. 水化升温现象

水化热对冬季施工是有益的，对大体积工程不利，容易出现裂缝，要注意构件内外温差控制在25℃内，采用水化热低的水泥，可防止出现开裂现象，如图4-27所示。

4. 早期强度

早期强度主要与水泥的品种、外加剂和施工环境有关。一般工程，要达到2.5MPa才能拆除侧模，不缺棱掉角，达到规范要求的强度比例才能拆除底模。对于紧急抢修工程，要重点考虑早期强度。

大体积工程

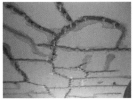
裂缝

图4-27　大体积工程水化开裂现象

4.2.3 混凝土拌合物硬化后的性质

混凝土硬化后的性质主要研究两个方面：强度和耐久性。其变形性质可简单了解。

1. 强度

混凝土与其他脆性材料一样，抗压强度高，抗拉强度仅为抗压强度的 1/10～1/20，所以要发挥其优势做纯受压构件（如垫层用素混凝土），否则承受局部的拉应力时，需要结合钢筋共同工作。测抗压强度时用的试件形状不同，如立方体、棱柱体，强度数值不一样，用途不一样。

（1）立方体抗压强度（f_{cu}）

立方体抗压强度是施工中进行质量控制的依据，根据《混凝土结构设计规范》（GB 50010—2010），立方体抗压强度标准值 $f_{cu,k}$ 是判断混凝土强度等级的依据。

混凝土强度等级采用符号 C 与立方体抗压强度标准值表示。普通混凝土通常按立方体抗压强度标准值 $f_{cu,k}$ 划分为 C15、C20、C25、C30、C35、C40、C45、C50、C55、C60、C65、C70、C75、C80 等 14 个强度等级（C60 以上的混凝土称为高强混凝土）。

测定立方体抗压强度标准值时，采用标准的方法制作的边长 150mm 标准的试件，标准条件下养护 28d，用标准试验方法测得一批数值中的标准值，强度低于该值的概率不超过 5%，即强度保证率为 95%，如图 4-28 所示。如 C30，$f_{cu,k}=30MPa$，即混凝土立方体抗压强度标准值为 30MPa，95% 试件都能达到 30MPa。

涂刷矿物油　　　　振实或人工捣实　　　　抹平

立方体试块　　　　抗压试验机或万能试验机检测

图 4-28　混凝土立方体抗压强度测试

按照《混凝土结构工程施工质量验收规范》（GB 50204—2015），根据石子最大粒径来选试件尺寸，若采用非标准试件测出的强度要乘以换算系数。例如边长 100mm 的试件，尺寸小，出现缺陷的概率小，测得数值偏大，换算系数为 0.95，如表 4-16 所示。

表 4-16　试件尺寸及换算系数

集料的最大公称粒径/mm	试件尺寸/mm	换 算 系 数
31.5	100	0.95
40.0	150	1.00
63.0	200	1.05

例如：某混凝土构件留置了三块边长 100mm 的立方体试件，测得其抗压破坏荷载为 380kN，立方体抗压强度为 38MPa，则该混凝土的标准抗压强度为 38MPa×0.95＝36.1MPa，

能达到 C35 标准等级。

（2）轴心（棱柱体）抗压强度（f_a）

工程实践中，构件的形状一般为棱柱体，所以在混凝土结构计算中，常以轴心（棱柱体）抗压强度作为设计依据。根据《普通混凝土力学性能试验方法标准》（GB/T 50081—2002），与立方体抗压强度实验其他条件相同，试件尺寸：150mm × 150mm × 300mm。相同的混凝土，测得的棱柱体抗压强度 f_a 数值比立方体的小，$f_a = 0.67 f_{cu}$，原因是棱柱体抗压环箍效应弱，如图 4-29 所示。

图 4-29　立方体和棱柱体抗压强度对比

强度试验中用到的标准尺寸与非标尺寸的试模和标准养护室的试块如图 4-30 所示。

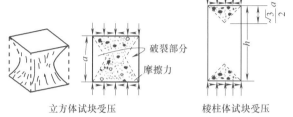

图 4-30　试模与试块

混凝土轴心抗拉强度非常小，一拉就裂，一般为抗压强度的 1/20 ~ 1/10，通常轴心抗拉强度不易测定，一般用劈裂抗拉强度间接测定，类似劈柴，给压力使其左右拉开，如图 4-31 所示。

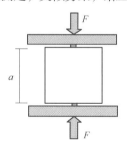

劈拉试验原理

劈拉试验测定

图 4-31　劈裂抗拉强度测定

（3）影响强度的因素

塑性混凝土的强度取决于水泥石的强度与骨料的黏结强度，与之相关联影响因素如下：

1）水泥强度和水灰比。这是影响混凝土强度的最主要因素。水泥强度等级越高，水灰比越小，混凝土强度就越高。试验证明，混凝土强度与水灰比成反比关系，而与灰水比成正比关系。根据大量试验数据，得到强度经验公式：

$$混凝土养护 28d 强度 f_{cu} = A \times 水泥实际强度 f_{ce} \times \left(\frac{1}{水灰比} - B \right)$$

当无法取得水泥实际强度时，可以根据其强度等级乘以 1.13 的系数进行估算。

水灰比即水与水泥的质量之比，即水灰比 $= m_水 / m_{水泥}$。

A、B 是与粗骨料相关的系数，当采用碎石时，$A = 0.53$，$B = 0.20$；当采用卵石时，$A = 0.49$，$B = 0.13$。

2）粗骨料。粗骨料与水泥的黏结不同，当粗骨料中含有大量针片状颗粒及风化的岩石时，会降低混凝土强度。碎石表面粗糙、多棱角，与水泥石黏结力较强，而卵石表面光滑，与水泥石黏结力较弱。

因此，水泥强度等级和水灰比相同时，碎石混凝土强度比卵石混凝土的高。

例如：用碎石配制混凝土，采用 32.5 等级的水泥、0.45 的水灰比，则预计该混凝土养护 28d 能达到的强度为 0.53 × 1.13 × 32.5MPa × （1/0.45 − 0.20）= 39.4MPa

如果用卵石配制，预计为 37.7MPa。

3）龄期。强度增长先快后慢，呈对数关系。以养护 28d 强度为基数，2 年达到 2 倍，20 年才能达到 3 倍。

4）养护条件。试验表明，保持足够湿度时，温度升高，水泥水化速度加快，强度增长也快。保持潮湿时间越长，强度发展越快，最终强度越高，如图 4-32 所示。

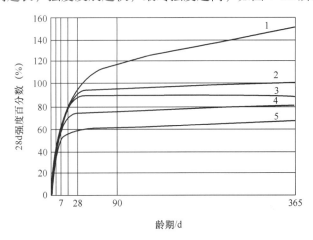

图 4-32　混凝土强度与保持潮湿时间的关系

1—长期保持潮湿　2—保持潮湿 14d　3—保持潮湿 7d　4—保持潮湿 3d　5—保持潮湿 1d

《混凝土结构工程施工质量验收规范》（GB 50204—2015）规定，一般混凝土在浇筑 12h 内进行覆盖，待具有一定强度时浇水养护，硅酸盐水泥 P·Ⅰ、P·Ⅱ 及普通水泥 P·O 和矿渣水泥 P·S 浇水养护日期不得少于 7 昼夜，火山灰水泥 P·P、粉煤灰水泥 P·F 浇水养护日期不得少于 14 昼夜。平均气温低于 5℃，不得浇水，用塑料养生膜覆盖。

获得高强混凝土的措施：高强度等级水泥、采用较小的水灰比、采用干硬性混凝土，采用碎石、蒸汽蒸压养护、加减水剂或早强剂、加强机械搅拌振捣等。

蒸汽养护指在将混凝土构件放在蒸汽养护室中，通入温度为45℃左右的水蒸气，使混凝土升温，加速水化硬化进程，如图4-33所示。蒸汽养护可使掺混合材料水泥养护28d的强度提高10%～40%。蒸压养护是高温高压养护，在压力≥8个标准大气压，温度＞174.5℃的高压釜中养护，如图4-34所示。加气混凝土常采用蒸压养护提高性能。

图4-33 蒸汽养护

图4-34 蒸压养护

2. 耐久性

耐久性是指在各种破坏性因素和介质的作用下，长期正常工作并保持强度和外观完整性的能力，包括混凝土的抗渗性、抗冻性、抗蚀性及抗碳化能力和抗碱骨料反应能力等。

（1）抗渗性

抗渗性是决定材料耐久性的主要指标，根据《混凝土质量控制标准》（GB 50164—2011），用抗渗等级表示。即指用标准方法进行抗渗试验时，石料、混凝土或砂浆所能承受的最大水压力，抗渗试验如图4-35所示。用字母P+可承受的水压力（以0.1MPa为单位）来表示抗渗等级。有P4、P6、P8、P10、P12及以上等共6级，表示试件能承受逐步增高至0.4MPa、0.6MPa、0.8MPa、1.0MPa、1.2MPa…的水压而不渗透。抗渗性与材料内部的空隙率特别是开口孔隙率有关，主要取决于水灰比，水灰比增大，孔隙率增大，抗渗性变差。

图4-35 混凝土抗渗试验

（2）抗冻性

抗冻性是耐久性的表征。混凝土结构或构件的抗冻性用抗冻等级来表示（快冻法），符号为 F，有 F50、F100 至 F400 及以上 9 级，指抗压强度下降 ≤25%；质量损失 ≤5% 时能经受冻融循环的最大次数。例如：F150——能承受 150 次冻融循环。抗冻等级越高，耐久性越高。建材行业的混凝土制品基本上还采用抗冻标号（慢冻法），符号为 D，有 D50、D100、D150、D200 及以上共五级。

抗冻试验机及试模如图 4-36 所示。

（3）抗蚀性

抗蚀性与构造有关，抗渗性差，水和腐蚀性介质容易进入；与水泥的品种也有关。

（4）碳化

碳化也叫中性化，混凝土中碱与环境中的水和二氧化碳发生反应（$Ca(OH)_2 + CO_2 = CaCO_3 + 2H_2O$），碱性变中性，失去了对钢筋的保护作用，如图 4-37 所示。可以用碳化试验箱或碳化尺进行碳化程度分析，测量红色与未变色的交界面到混凝土表面的距离，即为碳化深度，如图 4-38 所示。

图 4-36　抗冻试验机及试模　　　　　　　　图 4-37　碳化的危害

 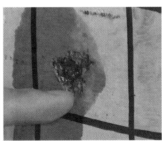 

碳化试验箱　　　　　　碳化深度测量　　　　　　　碳化尺

图 4-38　碳化深度测量

消除碳化的措施：保持在水环境中，保持在干燥环境中，或采用高碱水泥都可以消除碳化的危害。

（5）碱-骨料反应

碱是水泥反应中或环境中得到的，骨料指对碱有活性的骨料。长期使用后两者才反应使水泥石膨胀开裂，非常有害，如图 4-39 所示。可以用碱骨料反应试验箱进行检测，如图 4-40 所示。

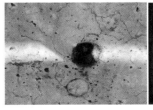 

图 4-39　碱骨料反应的危害

预防碱-骨料反应的措施：

1）采用低碱水泥；

2）采用活性低的骨料；

3）掺混合材料，降低碱含量；

4）控制湿度，尽量避免产生反应的所有条件同时出现。

（6）提高耐久性的措施

1）合理选择水泥品种。

2）掺外加剂，改善混凝土的性能。

3）加强浇捣和养护，提高混凝土强度和密实度。

4）用涂料和其他措施，进行表面处理，防止混凝土碳化。

5）适当控制水灰比及水泥用量。考虑耐久性的要求，控制最大水灰比和最小水泥用量，见表 4-17 和表 4-18。

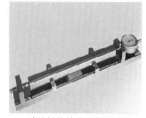

碱骨料收缩膨胀仪JH-320

图 4-40　碱骨料反应检测

表 4-17　混凝土的最大水胶比《混凝土结构设计规范》（GB 50010—2010）

环 境 类 别	一	二（a）	二（b）	三
最大水胶比	0.65	0.6	0.55	0.5

表 4-18　混凝土的最小胶凝材料用量《普混凝土配合比设计规程》（JGJ 55—2011）

最大水胶比	最小胶凝材料用量/（kg/m³）		
	素 混 凝 土	钢筋混凝土	预应力混凝土
0.60	250	280	300
0.55	280	300	300
0.50	320		
≤0.45	330		

注：1. 胶凝材料是水泥和矿物掺合料的总称。

　　2. 配制 C15 级及其以下等级的混凝土，可不受此表限制。

3. 变形性能

混凝土在荷载或温湿度作用下会产生变形，主要包括弹性变形、塑性变形、收缩变形和温度变形等。混凝土在短期荷载作用下的弹性变形主要用弹性模量表示。在长期荷载作用下，应力不变，应变持续增加的现象为徐变。应变不变，应力持续减少的现象为松弛。由于水泥水化、水泥石的碳化和失水等原因产生的体积变形，称为收缩。

4.3　混凝土配合比的设计方法

根据混凝土强度等级、耐久性与和易性等要求，进行混凝土各组分用量比例设计，称为混凝土配合比设计。

配合比表达方法常采用两种：

1）配成 $1m^3$ 拌合物材料用量（单方用量），例如：水泥 $m_c = 300kg$，砂子 $m_s = 720kg$，石子 $m_g = 1200kg$，水 $m_w = 180kg$，可以看出每种材料多少的比例关系。

2）连比关系：各材料顺序不变，水灰比单独注明。例如：$m_c : m_s : m_g = 300 : 720 : 1200 = 1 : 2.4 : 4$，水灰比 $W/C = 0.6$。连比关系更透彻地揭示了几种材料之间的关系。

配合比要求：①满足强度要求，如 C30；②耐久性合格，干燥环境或其他；③满足施工要求，满足和易性等；④考虑经济性，节约水泥。

配合比的设计思路：先根据要求确定三大参数（水胶比、砂率、单方用水量），然后通过计算给出各种材料的用量。

配合比设计的三大步骤：

试验室:调整和易性、强度复核   现场:考虑砂石 $W_{含}$

初步配合比————————最终配合比————施工配合比

1. 初步配合比

计算初步配合比分 7 个小步骤。

（1）配制强度

$$f_{cu,o} = f_{cu,k} + 1.645\sigma（C60 以上是等级值 ×1.15）$$

标准差 σ 计算复杂且有前提，只了解查表法即可，σ 可以查表 4-19 得到。

表 4-19　标准差 σ 的值

混凝土强度标准值	≤C20	C25 ~ C45	C50 ~ C55
σ	4.0	5.0	6.0

（2）确定水胶比（W/B）

可直接用推导公式

$$W/B = \alpha_a f_b / (f_{cu,o} + \alpha_a \alpha_b f_b)$$

式中　f_b——胶凝材料的实测强度，可估算 $f_b = f_{ce} ×$ 系数。

α_a 与 α_b 是石子决定的回归系数，碎石：$\alpha_a = 0.53$，$\alpha_b = 0.20$；卵石：$\alpha_a = 0.49$，$\alpha_b = 0.13$。

例如，求得 $B/W = 1.67$，可以求得 $W/B = 0.6$，对比表 4-17，满足干燥环境耐久性要求，则可以采用此配比。如果 $W/B = 0.7$ 需改成 $W/B = 0.65$。

（3）确定单位用水量（m_{wo}）

配成 $1m^3$ 拌和物需要的用水量见表 4-20 和表 4-21。

表 4-20　干硬性混凝土的用水量　　　　　　　　（单位：kg/m³）

拌合物稠度		卵石最大公称粒径/mm			碎石最大粒径/mm		
项目	指标	10.0	20.0	40.0	16.0	20.0	40.0
维勃稠度/s	16 ~ 20	175	160	145	180	170	155
	11 ~ 15	180	165	150	185	175	160
	5 ~ 10	185	170	155	190	180	165

表 4-21　塑性混凝土的用水量　　　　　　　　　（单位：kg/m³）

拌合物稠度		卵石最大粒径/mm				碎石最大粒径/mm			
项目	指标	10.0	20.0	31.5	40.0	16.0	20.0	31.5	40.0
坍落度/mm	10 ~ 30	190	170	160	150	200	185	175	165
	35 ~ 50	200	180	170	160	210	195	185	175
	55 ~ 70	210	190	180	170	220	105	195	185
	75 ~ 90	215	195	185	175	230	215	205	195

注：1. 本表用水量系采用中砂时的取值。采用细砂时，每立方米混凝土用水量可增加 5 ~ 10kg；采用粗砂时，可减少 5 ~ 10kg。

　　2. 掺用矿物掺合料和外加剂时，用水量应相应调整。

（4）砂率（β_s）

1）坍落度 <10mm，则做试验确定砂率。

2）坍落度在 10～60mm 之间，查表 4-22 确定砂率。如水胶比为 0.52，先按照十分位 5 找到范围，再根据百分位 2 内插法确定具体数值。注意：W/B 增大容易离析泌水，所以增大砂率，可提高保水性。

3）坍落度 >60mm，每增加 20mm，砂率增加 1%。

表 4-22　砂率的选择

水胶比（W/B）	卵石最大粒径/mm			碎石最大粒径/mm		
	10	20	40	10	20	40
0.40	26～32	25～31	24～30	30～35	29～34	27～32
0.50	30～35	29～34	28～33	33～38	32～37	30～35
0.60	33～38	32～37	31～36	36～41	35～40	33～38
0.70	36～41	35～40	34～39	39～44	38～43	36～41

（5）胶凝材料（m_{bo}）

用除法 $m_{bo} = m_{wo}/(W/B)$，同时查表 4-18，要满足耐久性要求。如果是 250kg，且不满足耐久性要求，则取 260kg。根据掺合料的掺量比例计算水泥和矿物掺合料。

（6）砂、石用量（m_{so}、m_{go}）

用质量计算，即假定每种原材料混合在一起配成 1m³ 拌和物的质量为 2400kg（湿表观密度）左右。

则有

$$m_{bo} + m_{so} + m_{go} + m_{wo} = 2400kg$$

$$\beta_s = m_{so}/(m_{so} + m_{go})$$

先求出砂石用量　　　　　$m_{so} + m_{go} = 2400 - m_{bo} - m_{wo}$

再求砂用量　　　　　　　$m_{so} = (m_{so} + m_{go}) \times \beta_s$

最后求石子用量　　　　　$m_{go} = (m_{so} + m_{go}) - m_{so}$

（7）连比

以水泥量为 1，注意材料顺序。例如 $m_{co} : m_{so} : m_{go} = 1 : 2.4 : 4$，水胶比 $W/B = 0.6$。

2. 最终配合比

取 20L（石子粒径 ≤ 31.5mm）或 25L 拌合物进行和易性调整得到基准配合比，再调整水胶比增减各 0.05，得到 3 组试件，标准养护 28d，进行强度复核，求出满足混凝土配制强度 $f_{cu,o}$ 的灰水比，得到最终配合比，即设计配合比，也叫实验室配合比。

3. 施工配合比

解决砂石含水率的问题，如设计要求用 680kg 的干砂，现场取 680kg 的湿砂，量不足，要考虑干砂吸进来的砂中水，公式如下：

水泥 $m_c = m_{cb}$

湿砂 $m_s = m_{sb}(1 + a\%) = m_{sb} + m_{sb}a\%$（砂中水）

湿石 $m_g = m_{gb}(1 + b\%) = m_{gb} + m_{gb}b\%$（石中水）

式中　$a\%$——砂的含水率；

　　　$b\%$——石的含水率。

取水量 $m_w = m_{wb} - m_{sb}a\% - m_{gb}b\%$

施工配合比为前三个数作连比，W/C 不变。

【例 4-1】　某工程制作室内用的钢筋混凝土大梁，混凝土设计强度等级为 C20，施工要求坍落度为 35~50mm，采用机械振捣。该施工单位无历史统计资料。

采用材料：普通水泥，32.5 级，实测强度为 34.8MPa；无掺加料；中砂，表观密度为 2650kg/m³，堆积密度为 1450kg/m³；卵石，最大粒径 20mm，表观密度为 2730kg/m³，堆积密度为 1500kg/m³；自来水。试设计混凝土的配合比（按干燥材料计算）。若施工现场中砂含水率为 3%，卵石含水率为 1%，求施工配合比。

解：

（1）确定配制强度

该施工单位无历史统计资料，查表 4-19 取 $\sigma = 5.0$MPa。

$$f_{cu,o} = f_{cu,k} + 1.645\sigma = (20 + 8.2)\text{MPa} = 28.2\text{MPa}$$

（2）确定水胶比（W/B）

1）利用强度经验公式计算水胶比：

$$W/B = \alpha_a f_{ce}/(f_{cu,o} + \alpha_a\alpha_b f_{ce}) = 0.49 \times 34.8/(28.2 + 0.49 \times 0.13 \times 34.8) = 0.56$$

2）复核耐久性。查表 4-17 规定最大水胶比为 0.65，因此 $W/B = 0.56$ 满足耐久性要求。

（3）确定用水量（m_{W0}）

此题要求施工坍落度为 35~50mm，卵石最大粒径为 20mm，查表 4-21 得每立方米混凝土用水量，$m_{Wo} = 180$kg。

（4）计算水泥用量（m_{bo}）

$$m_{bo} = m_{Wo} \times B/W = 180/0.56 \approx 321(\text{kg})$$

查表 4-18 规定最小水泥用量为 260kg，故满足耐久性要求。

（5）确定砂率

根据上面 $W/B = 0.56$，卵石最大粒径 20mm，查表 4-22，选砂率 $\beta_s = 32\%$。

（6）计算砂、石用量（m_{so}、m_{go}）

按质量法：取混凝土拌合物计算表观密度 2400kg/m³，列方程组

$$m_{bo} + m_{so} + m_{go} + m_{wo} = 2400\text{kg/m}^3$$

$$\beta_s = m_{so}/(m_{so} + m_{go})$$

或者　　砂石 = 2400 − 胶凝材料 − 水 = 2400kg − 321kg − 180kg = 1899kg

砂 = 砂石 × 砂率 = 1899kg × 32% ≈ 608kg

石 = 砂石 − 砂 = 1899kg − 608kg = 1291kg

（7）计算初步配合比

$$m_{bo}:m_{so}:m_{go} = 321:608:1291 = 1:1.89:4.02$$

$$W/B = 0.56$$

（8）试验室调整校核

略，结论：试验室配合比为 330:640:1296:182，水胶比 = 182/330 = 0.55

（9）施工配合比

现场砂含水率 3%，石含水率 1%，则 1m³ 拌合物的实际材料用量（kg）

水泥 $m_b = m_{bb} = 330$kg

湿砂 $m_S = m_{Sb}(1 + a\%) = 640 \times (1 + 3\%) = 659$kg

湿石 $m_g = m_{gb}(1 + b\%) = 1296 \times (1 + 1\%) = 1309$kg

取水量 $m_w = m_{wb} - m_{Sb} \cdot a\% - m_{gb} \cdot b\% = 182 - 19 - 13 = 150$kg

连比 = 1:2:3.97，水胶比 0.55 不变。

4.4 其他混凝土

4.4.1 轻混凝土

凡表观密度小于 1950kg/m³ 的混凝土统称为轻混凝土。

按其组成成分可分为轻骨料混凝土、多孔混凝土（如加气混凝土）和大孔混凝土（如无砂大孔混凝土）三种类型。

1. 轻骨料混凝土

用轻质粗骨料、轻质细骨料（或普通砂）、水泥和水配制而成的，其干表观密度不大于 1950kg/m³ 的混凝土叫轻骨料混凝土。轻骨料混凝土是一种轻质、高强和多功能的新型建筑材料，具有表观密度小、保湿性好和抗震性强等优点。如图 4-41 所示。

图 4-41 轻骨料混凝土

（1）轻骨料的分类

凡粒径大于 5mm，堆积密度小于 1000kg/m³ 的骨料，称为轻的粗骨料；粒径不大于 5mm，堆积密度小于 1200kg/m³ 的骨料，称为轻的细骨料。如图 4-42 所示。堆积密度见表 4-23。

轻骨料按其来源可分为 3 类：天然轻骨料、人造轻骨料和工业废料。

图 4-42 轻骨料

表 4-23 轻骨料堆积密度

密度等级		堆积密度范围/（kg/m³）
轻粗骨料	轻砂	
300	—	210～300
400	—	310～400
500	500	410～500
600	600	510～600
700	700	610～700
800	800	710～800
900	900	810～900
1000	1000	910～1000
—	1100	1010～1100
—	1200	1110～1200

（2）轻骨料技术性能

轻骨料的技术性能主要包括堆积密度、强度、颗粒级配和吸水率等 4 项。此外，对耐久性、安定性、有害杂质含量也提出了要求。

轻骨料强度：用筒压强度及强度等级表示。轻骨料的筒压强度以"筒压法"测定，如图 4-43 所示。

图 4-43 轻骨料承压筒

轻、粗骨料的筒压强度和强度等级应不低于表 4-24 规定。

表 4-24 粗骨料筒压强度及强度等级

密 度 等 级	筒压强度 f_a/MPa		强度等级 f_{ak}/MPa	
	碎石型	普通型和圆球型	普通型	圆球型
300	0.2/0.3	0.3	3.5	3.5
400	0.4/0.5	0.5	5.0	5.0
500	0.6/1.0	1.0	7.5	7.5
600	0.8/1.5	2.0	10	15
700	1.0/2.0	3.0	15	20
800	1.2/2.5	4.0	20	25
900	1.5/3.0	5.0	25	30
1000	1.8/4.0	6.5	30	40

（3）轻骨料混凝土的技术性能

1）和易性。

2）强度与强度等级。《轻骨料混凝土技术规程》（JGJ 51—2002）规定，根据立方体抗压强度标准值，可将轻骨料混凝土划分为 13 个强度等级：LC5.0、LC7.5、LC10、LC15、LC20、LC25、LC30、LC35、LC40、LC45、LC50、LC55 和 LC60，其中结构轻骨料混凝土的强度标准值按表 4-25 采用。

表 4-25 结构轻骨料混凝土强度等级

强 度 种 类		轴 心 抗 压	轴 心 抗 拉
符 号		f_{ck}/MPa	f_{tk}/MPa
混凝土强度等级	LC15	10.0	1.27
	LC20	13.4	1.54
	LC25	16.7	1.78
	LC30	20.1	2.01
	LC35	23.4	2.20
	LC40	26.8	2.39
	LC45	29.6	2.51
	LC50	32.4	2.64
	LC55	35.5	2.74
	LC60	38.5	2.85

3）表观密度。轻骨料混凝土按干燥状态下的表观密度划分为 14 个密度等级，见表 4-26。

表 4-26　轻混凝土密度等级

密 度 等 级	干表观密度的变化范围/(kg/m³)	密 度 等 级	干表观密度的变化范围/(kg/m³)
600	560～650	1300	1260～1350
700	660～750	1400	1360～1450
800	760～850	1500	1460～1550
900	860～950	1600	1560～1650
1000	960～1050	1700	1660～1750
1100	1060～1150	1800	1760～1850
1200	1160～1250	1900	1860～1950

4）收缩与徐变。

5）保温性能。轻骨料混凝土具有较好的保温性能，其表观密度为 1000kg/m³、1400kg/m³ 以及 1800kg/m³ 的轻骨料混凝土导热系数分别为 0.28W/(m·K)、0.49W/(m·K) 和 0.87W/(m·K)。

（4）轻骨料混凝土施工注意事项

1）应对轻粗骨料的含水率及堆积密度进行测定。

2）必须采用强制式搅拌机搅拌，防止轻骨料上浮或搅拌不均。

3）拌合物在运输中应采取措施减少坍落度损失和防止离析。

4）轻骨料混凝土拌合物应采用机械振捣成型。

5）轻骨料混凝土浇筑成型后应及时覆盖和喷水养护。

2. 多孔混凝土

加气混凝土是由含钙质材料（水泥、石灰等）及含硅质材料（石英砂、粉煤灰、粒状高炉矿渣等）为原料，经磨细和配料，再加入发气剂（铝粉），进行搅拌、浇筑、发泡、切割及蒸压养护等工序生产而成。质量指标是表观密度和强度。一般表观密度小且孔隙率大的，强度较低，但保温性能较好，如图 4-44 所示。

图 4-44　加气混凝土

泡沫混凝土是由水泥净浆加入泡沫剂（也可加入部分掺合料），经搅拌、入模以及养护而成。常用的泡沫剂有松香胶泡沫剂和水解牲血泡沫剂。泡沫混凝土的表观密度为 300～800kg/m³，抗压强度为 0.3～5MPa，导热系数为 0.10～0.25W/(m·K)。如图 4-45 所示。

泡沫　　　　　　　　大小不同的泡沫孔　　　　　　泡沫混凝土制品

图 4-45　泡沫混凝土

3. 大孔混凝土

大孔混凝土有普通大孔混凝土和轻骨料大孔混凝土，其组成中没有细集料，多用作透水生态地坪。如图 4-46 所示。

图 4-46 大孔混凝土

4.4.2 商品混凝土

商品混凝土是以集中预拌、远距离运输的方式向施工工地提供现浇混凝土。商品混凝土是现代混凝土与现代化施工工艺相结合的高科技建材产品，它包括大流动性混凝土、流态混凝土、泵送混凝土、自密实混凝土、防渗抗裂大体积混凝土、高强混凝土和高性能混凝土等。搅拌站如图 4-47 所示。

图 4-47 搅拌站

1）由于是集中搅拌，因此能严格在线控制原材料质量和配合比，能保证混凝土的质量要求。

2）要求拌合物具有好的工作性，即高流动性，坍落度损失小，不泌水不离析，可泵性好。

3）经济性，要求成本低，性能价格比高。

4.4.3 防水混凝土

防水混凝土又称抗渗混凝土，指抗渗等级 ≥P6 级别的混凝土，主要用于工业及民用建筑地下工程，水工构筑物以及干湿交替作用或冻融作用的工程，分为普通防水混凝土、膨胀水泥防水混凝土和外加剂防水混凝土。

普通防水混凝土是以调整配合比的方法来提高自身密实度和抗渗性的一种混凝土。

膨胀水泥防水混凝土主要是利用膨胀水泥在水化过程中，形成大量体积增大的水化硫铝酸钙，在有约束的条件下，能改善混凝土的孔结构，使总孔隙率减少，孔径减小，从而提高混凝土抗渗性。

外加剂防水混凝土种类较多，常见的有引气剂防水混凝土、密实剂防水混凝土及三乙醇胺防水混凝土等。近年来，人们利用 YE 系列防水剂配制高抗渗防水混凝土，不仅大幅度地提高混凝土抗渗强度等级，而且对混凝土的抗压强度及劈裂抗拉强度也有明显的增强作用。

4.4.4 高强混凝土

强度等级为 C60～C90 的混凝土称为高强混凝土，C100 以上的混凝土称为超高强混凝土。

高强和超高强混凝土的特点是强度高、耐久性好以及变形小，能适应现代工程结构向大跨度、重载、高耸发展和承受恶劣环境条件的需要。

目前，实用的技术路线是高品质通用水泥 + 高性能外加剂 + 特殊掺合料。应选用质量稳定、强度等级不低于 42.5 级的硅酸盐水泥或普通硅酸盐水泥。应掺用活性较好的矿物掺合料，且宜复合使用矿物掺合料。应掺用高效减水剂或缓凝高效减水剂。

　　高强和超高强混凝土配合比的计算方法和步骤与普通混凝土基本相同。

4.4.5　清水混凝土

　　清水混凝土是指现浇混凝土一次浇筑成型，不做任何外装饰，采用自然表面效果作为饰面，表面平整光滑、色泽均匀、棱角分明、无碰损和污染，只是在表面涂一层或两层透明的保护剂，显得十分天然，庄重。对美观、色差以及表面气泡等方面都有很高要求，在配制、生产、施工和养护等方面都应采取相应的措施。如图 4-48 所示。

4.4.6　耐酸混凝土

　　水玻璃耐酸混凝土由水玻璃、耐酸粉料、耐酸粗细骨料和氟硅酸钠组成，是一种能抵抗绝大部分酸类（除氢氟酸、氟硅酸和热磷酸外）侵蚀作用的混凝土，特别是对具有强氧化性的浓硫酸、硝酸等有足够的耐酸稳定性。在技

图 4-48　清水混凝土建筑

术规范中规定水玻璃的模数以 2.6~2.8 为佳，水玻璃密度应在 1.36~1.42g/cm^3 范围内。

4.4.7　纤维混凝土

　　纤维混凝土是在混凝土中掺入纤维而形成的复合材料。在抗拉强度、抗弯强度、抗裂强度和冲击韧性等方面较普通混凝土有明显的改善。常用的纤维材料有钢纤维、合成纤维、碳纤维和玻璃纤维等，如图 4-49 所示。

钢纤维及其制品

合成纤维（丙纶、聚酯）及其制品

碳纤维混凝土

玻璃纤维及其制品

图 4-49　纤维在混凝土中的应用

纤维混凝土目前主要用于非承重结构或对抗冲击性要求高的工程，如机场跑道、高速公路、桥面面层、管道等。

4.5　混凝土的检测

加强混凝土的质量控制，应贯穿于设计、生产、施工及成品检验的全过程。即：

1）控制与检验混凝土组成材料的质量和配合比的设计与调整情况，混凝土拌合物的水灰比、稠度、均匀性、含气量及生产设备的调试与人员配备等。

2）生产全过程各工序，如计量、搅拌、运输、浇筑以及养护等的检验与控制。

3）混凝土成品合格性的控制与判定。

1. 检验项目

混凝土的抗压强度能较好地反映混凝土的全面质量，工程中常以混凝土抗压强度作为重要的质量控制指标，并以此作为评定混凝土生产质量水平的依据。根据《混凝土结构工程施工质量验收规范》（GB 50204—2015）质量控制如下：

1）对混凝土的各种组成材料进行质量鉴别检测。

2）对混凝土拌和物和易性检测评定，参见《普通混凝土拌和物性能试验方法标准》（GB/T 50080—2016）。

3）对混凝土试件进行强度和耐久性检测。参见《普通混凝土力学性能试验方法标准》（GB/T 50081—2019）和《普通混凝土长期性能和耐久性能试验方法标准》（GB/T 50082—2009）。

2. 强度试件的抽样方法

用于检验混凝土强度的试件，应在浇筑地点随机抽取。对于统一配合比的混凝土，取样与试件留置应符合下列规定：

1）每拌制 100 盘且不超过 $100m^3$ 时，取样不得少于一次。

2）每工作班拌制量不足 100 盘时，取样不得少于一次。

3）连续浇筑超过 $1000m^3$ 时，每 $200m^3$ 取样不得少于一次。

4）每一楼层取样不得少于一次。

5）每次取样应至少留一组试件。

检验方法：检查施工记录及混凝土强度试验报告。

3. 和易性检测

（1）主要仪器设备

坍落筒或维勃稠度仪、弹头形捣棒、钢板、抹刀、小铁铲和钢尺。

（2）检测步骤

1）用湿布润湿坍落筒及其他用具，坍落筒放在钢板中心。

2）在搅拌地点取拌合物试样，或者按配合比称量材料进行干拌，再加水拌和。

3）脚踩两边钢板，用小铁铲分三层将拌合物均匀地装入坍落筒内，每次捣实后的高度约为筒高1/3；每层用捣棒沿螺旋方向由外向中心插捣 25 次，每次确保插透本层；顶层插捣完后，刮去多余拌合物，用抹刀抹平；清除筒边拌合物，在 7～10s 内垂直平稳地提起坍落度筒，放在混凝土锥体旁，用钢尺测量坍落筒顶与拌合物最高点之间的垂直距离，即为坍落度值，精确至1mm。

如发生崩塌或一边剪坏现象，应重新取样另行测定。第二次仍出现上述现象，则表示和易性不好，予以记录备查。

用捣棒轻轻敲击已坍落的拌合物锥体，观察和评定其黏聚性，如果锥体逐渐下沉，表示黏聚性良好；如果倒塌、部分崩裂或出现离析现象，则表示黏聚性差。观察周围有无稀浆析出，如果有较多稀浆析出，锥体因失浆而骨料外露，则保水性差。

4. 强度检测

（1）试件制作

每次取样，应至少制作一组标准养护试件。每组 3 个试件应由同一盘或同一车的混凝土中取样制作。在制作试件前试模应清擦干净，并内壁涂脱模剂，坍落度小于 70mm 的混凝土试件采用振动台成型，一次装入试模；坍落度大于 70mm 的混凝土，采用人工插捣，分两层装入，每层厚度大致相等，插捣从边缘向中心进行，每 10000mm^2 截面插捣次数不小于 12 次。

（2）养护

标养试件拆模静止 1~2 昼夜，拆模后应立即放在温度为（20±2）℃，湿度为 95% 以上的标养室中养护 28d。同条件试件成型后应立即用不透水薄膜覆盖表面，拆模时间与实际构件拆模时间相同，并同条件养护。

（3）检测

养护至规定龄期后，取出，擦拭干净，检查外观，测量试件尺寸，精确至 1mm，据此算出试件的承压面积，如实际尺寸与公称尺寸之差不超过 1mm，可按公称尺寸进行计算。

试件成型时的侧面为承压面，放在试验机压板之间，连续均匀加荷。强度等级 < C30，速度取 0.3~0.5MPa/s；强度等级 < C60 且 ≥ C30，速度取 0.5~0.8MPa/s；强度等级 ≥ C60，速度取 0.8~1.0MPa/s。参见《普通混凝土力学性能试验方法标准》（GB/T 50081—2002）。

试件接近破坏开始急剧变形时，停止调整试验机油门，直至试件破坏，记录破坏荷载。极限荷载除以承压面积即为立方体抗压强度 f_{cu}，根据试件尺寸，乘以相应的换算系数，见表 4-16。参见《混凝土强度检验评定标准》（GB/T 50107—2010）。

取 3 个试件强度的算术平均值作为每组试件的强度代表值；当一组试件中强度的最大值或最小值之差超过中间值的 15% 时，取中间值作为该组试件的强度代表值；最大值和最小值与中间值相差均超过 15% 时，该组试件强度结果无效，不应作为评定的依据。

强度检测报告如表 4-27 所示。

C30 混凝土配合比设计及检测表格如表 4-28 所示。

表 4-27　混凝土试块抗压强度检测报告

委托单位：×××　　　　　　　　　　　　　　　　　　　　　　　　统一编号：×××

工程名称	×××			委托日期		2018.01.22
使用部位	十五层内墙、柱 1-33			报告日期		2018.01.22
强度等级	C25			试块规格/mm		100×100×100
预拌混凝土生产厂家	×××预拌混凝土有限公司			配合比编号		商品混凝土
养护方法	标准养护			检测类别		委托检测
样品状态	表面平整，无缺棱掉角					
成型日期	破型日期	龄期/d	单块强度值/MPa		强度代表值/MPa	达设计强度（%）
2017.12.25	2018.01.22	28	34.4		33.7	135
			35.6			
			36.6			

（续）

以下空白					

依据标准	《普通混凝土力学性能试验方法标准》（GB/T 50081—2002）
备注	见证单位：×××公司 见证人：×××　　　　　　　　　取样人：×××
声明	1. 本检测报告无检验检测专用章和计量认证专用章无效；无检测、审核、批准签字无效。 2. 本检测报告结论不含无标准要求的实测结果，该数据仅供委托方参考。 3. 若有异议或需要说明之处，请于出具报告之日起十五日内书面提出，逾期不予受理。 4. 未经本检验检测机构书面批准，不得复制该报告。 5. 地址：×××电话：×××邮政编码：×××

检测单位：×××建筑工程检测公司　　　批准：　　　　　审核：　　　　　检测：

表 4-28　混凝土检测原始记录　　　　　　　　　统一编号：

混凝土种类	普通混凝土		要求坍落度			mm	委托日期	
搅拌方式	□机械 □人工		浇捣方式			□机械振动 □捣棒插捣	检测日期	
状态调节	月　日　时至　月　日　时温度　℃相对湿度　%						检测类别	□委托检测 □
检测环境	温度：　℃相对湿度：　%						设计等级	C30
试配强度	设计强度＜C60 时：$f_{cu,o} \geq f_{cu,k} + 1.645\sigma = 38.225\text{MPa}$　　　选 $\sigma = 5.0\text{MPa}$							
	设计强度≥C60 时：$f_{cu,o} \geq 1.15\ f_{cu,k} = $　　　　　MPa							
水泥编号		强度等级	P · O 42.5		厂家			
砂子编号		规格	中砂		厂家		堆积密度	1480kg/m³
石子 1 编号		种类	碎石		厂家		粒径	5～10mm
石子 2 编号		种类	碎石		厂家		粒径	10～20mm
掺合料 1 编号		名称及型号			厂家		掺量	%
掺合料 2 编号		名称及型号			厂家		掺量	%
掺合料 3 编号		名称及型号			厂家		掺量	%
掺合料 4 编号		名称及型号			厂家		掺量	%
外加剂 1 编号		种类	减水率 β	%	厂家		掺量	%
外加剂 2 编号		种类	减水率 β	%	厂家		掺量	%
外加剂 3 编号		种类	减水率 β	%	厂家		掺量	%
胶凝材料 28d 胶砂抗压强度 MPa		42.5		混凝土的最大水胶比		0.8		

计算基准水胶比		粗骨料品种 系数	碎石	卵石
$W/B = \dfrac{\alpha_a f_b}{f_{cu,o} + \alpha_a \alpha_b f_b} 0.67$　$f_b = \gamma_f \gamma_s f_{ce} = 49.3\text{MPa}$　$f_{ce} = \gamma_c f_{ce,g} = 49.3\text{MPa}$		α_a	0.53	0.49
$\gamma_f = 1.00$　　　　$\gamma_s = 1.00$　　　　$\gamma_c = 1.16$		α_b	0.20	0.13

用水量：$m'_{wo} = 220\text{kg/m}^3$　　　　$m_{wo} = m'_{wo}(1 - \beta) = 220\text{kg/m}^3$

计算胶凝材料用量：$m_{bo} = 328\text{kg/m}^3$　　　　$m_{ao} = m_{bo}\beta_a = 0\text{kg/m}^3$

（续）

计算掺合料用量：$m_{fo} = m_{bo}\beta_f = 0\,kg/m^3$

计算水泥用量：$m_{co} = m_{bo} - m_{fo} = 328\,kg/m^3$ 　　　　　选砂率 $\beta_s = 38\%$

假定密度 $m_{cp} = 2440\,kg/m^3$	$m_{so} + m_{go} = m_{cp} - m_{co} - m_{fo} - m_{wo} = 1892\,kg/m^3$	$m_{so} = 719\,kg/m^3$	$m_{go} = 1173\,kg/m^3$

注：砂、石均为干料　试模尺寸：$100mm \times 100mm \times 100mm$　养护条件：标准养护

配比名称	材料名称	水泥	掺合料1	掺合料2	掺合料3	掺合料4	砂	石1	石2	水	外加剂1	外加剂2	外加剂3
计算配比	用量/kg/m³	328					719	1173		220			
	30L拌和用量/kg	9.84					21.57	35.19		6.6			
	成型日期		月	日	坍落度		80mm	坍落度扩展度		320mm			
试拌配比	用量/(kg/m³)	328					719	1173		220			
	校正用量/(kg/m³)												
	30L拌和用量 kg	9.84					21.57	35.19		6.6			
	成型日期		月	日	坍落度		80mm	坍落度扩展度		320mm			
调整配比1	用量/(kg/m³)	317					719	1173		220			
	校正用量/(kg/m³)												
	30L拌和用量/kg	9.51					21.57	35.19		6.6			
	成型日期		月	日	坍落度		80mm	坍落度扩展度		320mm			
调整配比2	用量/(kg/m³)	339					719	1173		220			
	校正用量/(kg/m³)												
	30L拌和用量/(kg)	10.17					21.57	35.19		6.6			
	成型日期		月	日	坍落度		80mm	坍落度扩展度		320mm			

依据标准	□《普通混凝土配合比设计规程》（JGJ 55—2011）　□《普通混凝土拌合物性能试验方法标准》（GB/T 50080—2016）
仪器设备	□电子计重台秤 TCS-100□电子天平 BS-30KA（D-1）□单卧轴顶制式搅拌机 SJD-60□混凝土试验用震实台 ZH DG-80□坍落度筒□钢直尺（G-1）
备　　注	"√"表示选用该标准或设备；"×"表示未选用。

校核：　　　　　　　　　　　　　　　　　　　　　　　　检测：

本章练习题

1. 简述混凝土和易性的概念，评定，以及如何分等级。
2. 简述混凝土强度等级表示方法，以及如何评定。
3. 砂的粗细程度和颗粒级配如何判断？
4. 简述外加剂的种类和作用。

第**5**章

砂 浆

【技能目标】

【技能目标】

1. 能采取措施保证砌筑砂浆的质量。

2. 能检测砂浆的质量。

【知识目标】

1. 掌握建筑砂浆的作用及分类。

2. 掌握砌筑砂浆的技术性质及抽样送检方法。

3. 掌握抹面砂浆的特点及施工要求。

4. 了解防水砂浆和保温砂浆的组成、特点及要求。

【情感目标】

1. 提高小组协作意识，分工合作进行砂浆的检测。

2. 与混凝土的学习形成对比，提高学习的自信心。

建筑砂浆简称砂浆，是由胶凝材料（水泥、石灰、石膏等）、细集料（砂、炉渣、碎石屑、碎玻璃等）和水，必要时插入某些掺加料按一定比例配制成的材料，也可以称为细集料混凝土，如图 5-1 所示。

图 5-1 砂浆搅拌机与砂浆

砂浆在建筑工程中应用广泛：

1）砌筑各种砖、石材、砌块。

2）进行墙面、地面及构件表面的表面抹灰，如图 5-2 所示。

3）粘贴大理石、水磨石或瓷砖等饰面材料，如图 5-3 所示。

4）填充管道或墙板的接缝，如图 5-4 所示。

5）对结构进行功能处理（保温、防水、吸声等），如图 5-5 所示。

6）构成复合墙体，如图 5-6 所示。

普通抹灰

装饰抹灰

图5-2　抹灰用砂浆

图5-3　粘贴面砖或石材

图5-4　管道和墙板接缝

保温处理　　　　　　　防水处理　　　　　　　吸声处理

图5-5　功能处理

图5-6　复合墙体

砂浆分类：

1）按用途分为砌筑砂浆、抹面砂浆（普通、装饰）和特种砂浆（保温、防水、吸声等）。

2）按胶凝材料分为水泥砂浆、石灰砂浆和混合砂浆，如图5-7所示。

3）按施工方法分为现场配制砂浆和预拌砂浆（湿拌砂浆、干混砂浆，如图5-8所示）。

重点掌握砌筑砂浆，其分析思路与混凝土一致，重点分析三大部分，即：组成材料、性质和配合比。

图5-7　水泥砂浆、石灰砂浆、混合砂浆

图5-8　湿拌砂浆、干混砂浆

我国梁智滨在世界技能竞赛砌筑项目上荣获金牌。

5.1　砌筑砂浆

5.1.1　砌筑砂浆的选用和组成材料的选择

砌筑砂浆（Masonry Mortar）是指用于砌筑砖、石或砌块等块材的砂浆，如图5-9所示。

作用：黏结（砂浆饱满度）、衬垫（消除复杂应力）和传递荷载。

1. 砌筑砂浆的选用

根据砂浆的使用环境和强度等级等指标，砌筑砂浆选用如下：

1）水泥砂浆：适用于潮湿环境、水中以及砂浆强度等级≥M5 的工程。

2）石灰砂浆：适用于地上以及强度不高的干燥环境的低层或临建工程。

3）混合砂浆：适用于地面以上干燥环境的工程，低层、多层和高层建筑填充墙砌筑，用量最大。

图 5-9　砌筑砂浆

2. 砌筑砂浆组成材料的选择

参见《砌筑砂浆配合比设计规程》（JGJ/T 98—2010）的规定，同时不应对人体、生物与环境造成有害的影响，并应符合现行国家标准《建筑材料放射性核素限量》（GB 6566—2010）的规定：

1）水泥品种及强度：可根据设计要求、砌筑部位及所处的环境条件选择适宜的水泥品种，选择中低强的水泥即能满足要求。M15 及以下强度等级的砌筑砂浆宜选用 32.5 级的通用硅酸盐水泥或砌筑水泥；M15 以上强度等级的砌筑砂浆宜选用 42.5 级通用硅酸盐水泥。

严禁采用废品和不合格水泥。

2）砂：砂宜选用中砂，并应符合现行行业标准《普通混凝土用砂、石质量及检验方法标准》（JGJ 52—2006）的规定，且应全部通过 4.75mm 的筛孔。

3）水：与混凝土要求一样，应用生活饮用水，符合《混凝土用水标准》（JGJ 63—2006）的规定。

4）掺加料：为了改善砂浆的和易性，节省水泥（水泥颗粒保水性不好，容易泌水），可以插入掺加料，一般为石灰膏、电石膏、粉煤灰或粒化高炉矿渣等。

生石灰熟化成石灰膏时，应用孔径不大于 3mm×3mm 的网过滤，熟化时间不得少于 7d；磨细生石灰粉的熟化时间不得少于 2d。沉淀池中储存的石灰膏，应采取防止干燥、冻结和污染的措施。严禁使用脱水硬化的石灰膏，因为其不但不起塑化作用，还会影响砂浆强度。电石膏的电石渣应用孔径不大于 3mm×3mm 的网过滤，检验时应加热至 70℃后至少保持 20min，并应待乙炔挥发完后再使用。

消石灰粉不得直接用于砌筑砂浆中。严寒地区，磨细生石灰直接加入砌筑砂浆中属冬季施工措施。

5）外加剂：凡在砂浆中掺入有机塑化剂、早强剂、缓凝剂或防冻剂等，应经检验和试配符合要求后，方可使用。有机塑化剂应有砌体强度的型式检验报告。

5.1.2　砌筑砂浆的主要技术性质

砌筑砂浆应有良好的和易性、足够的抗压强度、黏结强度和耐久性。

1. 和易性

（1）流动性（稠度）

流动性指砂浆在自重力或外力作用下是否易于流动的性能。其大小用沉入度 K 表示，即砂浆稠度测定仪的标准圆试锥自由下沉 10s 时沉入量数值，如图 5-10 所示。其值越大，流动性越好。K 大则强度降低，K 小则不便于施工操作，达不到砂浆饱满度的要求。砌体种类不同，选用砂浆的沉入度数值不同，见表 5-1。

表 5-1　根据砌体种类选择砂浆沉入度

砌 体 种 类	施工稠度/mm
烧结普通砖砌体、粉煤灰砖砌体	70～90
混凝土砖砌体、普通混凝土小型空心砌块砌体、灰砂砖砌体	50～70
烧结多孔砖砌体、烧结空心砖砌体、轻集料混凝土小型空心砌块砌体、蒸压加气混凝土砌块砌体	60～80
石砌体	30～50

（2）保水性

保水性指在存放、运输和使用过程中，新拌制砂浆保持各层砂浆中水分均匀一致的能力，指标是分层度（$K1 - K2$），是砂浆的稠度与静态存放 30min 后所测得下层砂浆稠度的差值，如图 5-11 所示。保水性好的砂浆，分层度应在 10～20mm。分层度大于 30mm 的保水性不良，水分容易离析，砌筑时水分容易被砖石吸收，施工困难。分层度过小，容易发生干缩裂缝。

图 5-10　砂浆稠度测定仪

图 5-11　砂浆分层度测定仪

《砌筑砂浆配合比设计规程》（JGJ/T 98—2010）规定，保水性常用保水率表示。用 2 片医用棉纱覆盖在砂浆表面，再在棉纱表面放上 8 片滤纸，用不透水片盖在滤纸表面，滤纸吸水 2min 处理后，砂浆中保留的水的质量占原始水量的百分数，即保水率。水泥砂浆保水率≥80%；水泥混合砂浆保水率≥84%；预拌砂浆保水率≥88%。

2. 抗压强度等级

砂浆的抗压强度等级指用标准试件（70.7mm×70.7mm×70.7mm 的立方体）一组 3 块，标准方法养护 28d，用标准方法测定其抗压强度的平均值（MPa），如图 5-12 所示。《砌筑砂浆配合比设计规程》（JGJ/T 98—2010）的规定，砂浆强度等级用符号 M 来表示，水泥砂浆有 M5、M7.5、M10、M15、M20、M25 和 M30 共七个级别，混合砂浆可分为 M5、M7.5、M10

和 M15 四个级别。铺砌在密实底面的砂浆的强度与水泥强度和水灰比有关，铺砌在多孔吸水底面的砂浆强度与水泥强度和水泥用量有关，与用水量无关。

3. 黏结强度

砖、石或砌块这类块材靠砂浆来黏结，黏结得越牢固，则整个砌体的强度、整体性和抗震性越好。

1）保水性能优良，砂浆强度等级越高，黏结强度越高。

抗压试模　　　　　　　　试块

图 5-12　砂浆试模与试块

2）与基层材料的粗糙程度、清洁程度、润湿情况和养护条件有关。除冬季施工外，砌砖前要浇水湿润，一般含水率 10% ~ 15%。

4. 耐久性

有抗冻性要求的砌体工程，砌筑砂浆应进行冻融试验。砌筑砂浆的抗冻性应符合规定：夏热冬暖地区的抗冻指标为 F15；夏热冬冷地区为 F25；寒冷地区为 F35；严寒地区为 F50。当设计对抗冻性有明确要求时，尚应符合设计规定。

另外，水泥砂浆密度要达到 $1900kg/m^3$，混合砂浆、预拌砂浆要达到 $1800kg/m^3$。

5.1.3　砌筑砂浆配合比的选择

水泥混合砂浆配合比一般用计算法设计，水泥砂浆配合比和混凝土小型空心砌块配合比按表选择，再调整即可。

1. 水泥混合砂浆配合比设计

砂浆配合比设计共有 7 步，相比混凝土较为简单、直接。确定配制目标后，逐个确定水泥、石灰膏、砂和水的用量。与混凝土的区别是不用求"三大参数"。

1）确定目标即配制强度 $f_{m,o}$

$$f_{m,o} = f_2 + 0.645\sigma$$

式中　$f_{m,o}$——砂浆的配置强度，精确至 0.1MPa；

　　　f_2——砂浆的设计强度等级（即砂浆抗压强度平均值 MPa）；

　　　σ——砂浆现场强度标准差，查表 5-2。

与混凝土相比，系数有变化（保证率不一样）。

表 5-2　强度标准差

施工水平	强度标准差 σ/MPa							k
强度等级	M5	M7.5	M10	M15	M20	M25	M30	
优良	1.00	1.50	2.00	3.00	4.00	5.00	6.00	1.15
一般	1.25	1.88	2.50	3.75	5.00	6.25	7.50	1.20
较差	1.50	2.25	3.00	4.50	6.00	7.50	9.00	1.25

2）求胶凝材料用量 Q_C

$$Q_C = 1000 \times (f_{m,o} + 15.09)/3.03f_{ce}$$

式中　f_{ce}——水泥的实际强度（MPa）。

3）求石灰膏用量 Q_D

$$Q_D = Q_A - Q_C$$

式中　Q_A——混合砂浆胶凝材料总量（混合砂浆胶凝材料总量≥350，$Q_C + Q_D = 350$kg）。

注：本公式求得的 Q_D 是稠度 120mm 的数量，如果施工现场石灰膏稠度数值不同，求得的 Q_D 需要乘以换算系数，见表 5-3。

表 5-3　不同稠度的石灰膏换算系数

灰膏稠度/mm	120	110	100	90	80	70	60	50
换算系数	1.00	0.99	0.97	0.95	0.93	0.92	0.90	0.88

4）求砂的用量 Q_S。配 1m³ 砂浆拌合物正好用 1m³ 干砂子。其他材料填充了砂子的空隙。

5）确定用水量。采用逐次加水的方法，在 240～310kg 之间取值。

6）确定初步配合比。只有三项（$Q_C : Q_D : Q_S$）。

7）试配、调整。当稠度和保水率不能满足要求时，应调整材料用量，直到符合要求为止，然后确定为试配时的砂浆基准配合比。

2. 水泥砂浆配合比设计

直接查表取值，试配调整即可，见表 5-4。

表 5-4　水泥砂浆配合比选用

强 度 等 级	每立方米砂浆水泥用量/kg	每立方米砂子用量/kg	每立方米砂浆用水量/kg
M5	200～230		
M7.5	230～260		
M10	260～290		
M15	290～330	1m³ 砂子的堆积密度值	270～330
M20	340～400		
M25	360～410		
M30	430～480		

注：1. M15 及 M15 以下强度等级水泥砂浆，水泥强度等级为 32.5 级；M15 以上强度等级水泥砂浆，水泥强度等级为 42.5 级。

2. 当采用细砂或粗砂时，用水量分别取上限或下限。

3. 稠度小于 70mm 时，用水量可小于下限。

4. 施工现场气候炎热或干燥季节，可酌量增加用水量。

5.2　抹灰砂浆

抹灰砂浆也称抹面砂浆，用以涂抹在建筑物表面。其作用是保护墙体不受风雨或潮气等侵蚀，提高墙体防潮、防风化和防腐蚀的能力，同时使墙面或地面等建筑部位平整、光滑以及清洁美观。抹面砂浆可分为普通抹面砂浆和装饰抹面砂浆。

5.2.1　普通抹灰砂浆

抹面砂浆与底面和空气的接触面越大，失水速度越快，越容易出现脱落和开裂现象，如图 5-13 所示。主要技术要求不是针对抗压强度，而是和易性，以及与基底材料的黏结力。为了防脱落，需使用的胶凝材料比砌筑砂浆多。防开裂可以采用多层施工法，并在面层掺入纤维，如纸筋或麻刀等。

图 5-13 起皮脱落和开裂现象

为保证抹灰层表面平整，避免开裂脱落，抹灰砂浆常分为底层、中层和面层，按照《抹灰砂浆技术规程》(JGJ/T 220—2010) 要求进行施工，见表 5-5，如图 5-14 所示。

表 5-5 多层施工法

抹灰层面	作　用	要　　求
底层	黏结	稠度较稀，沉入度较大，为 90～110mm
中层	找平	比底层砂浆稍稠，沉入度为 70～90mm
面层	保护、装饰	细砂配制、平整均匀，沉入度为 70～80mm

注：聚合物水泥抹灰砂浆的施工稠度宜为 50～60mm，石膏抹灰砂浆的施工稠度宜为 50～70mm。

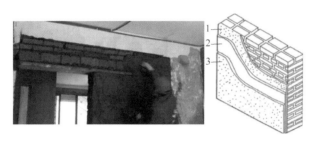

图 5-14 多层施工法

1—底层　2—中层　3—面层

确定抹面砂浆组成材料及配合比的主要依据是工程使用部位及基层材料的性质。按照《抹灰砂浆技术规程》(JGJ/T 220—2010)，抹灰砂浆的品种宜根据使用部位或基体种类按表 5-6 选用，配合比可参照表 5-7 和表 5-8 选用。具体做法可参照国家建筑标准设计图集　第一册《工程做法》。

表 5-6 抹灰砂浆的品种选用

使用部位或基体种类	抹灰砂浆品种
内墙	水泥抹灰砂浆、水泥石灰抹灰砂浆、水泥粉煤灰抹灰砂浆、掺塑化剂水泥抹灰砂浆、聚合物水泥抹灰砂浆、石膏抹灰砂浆
外墙、门窗洞口外侧壁	水泥抹灰砂浆、水泥粉煤灰抹灰砂浆
温（湿）度较高的车间和房屋、地下室、屋檐、勒脚等	水泥抹灰砂浆、水泥粉煤灰抹灰砂浆
混凝土板和墙	水泥抹灰砂浆、水泥石灰抹灰砂浆、聚合物水泥抹灰砂浆、石膏抹灰砂浆
混凝土顶棚、条板	聚合物水泥抹灰砂浆、石膏抹灰砂浆
加气混凝土砌块（板）	水泥石灰抹灰砂浆、水泥粉煤灰抹灰砂浆、掺塑化剂水泥抹灰砂浆、聚合物水泥抹灰砂浆、石膏抹灰

表 5-7　水泥抹灰砂浆配合比的材料用量　　　　　　（单位：kg/m³）

强 度 等 级	水 泥	砂	水
M15	330 ~ 380		
M20	380 ~ 450	1m³ 砂的堆积密度值	250 ~ 300
M25	400 ~ 450		
M30	460 ~ 530		

表 5-8　水泥石灰抹灰砂浆配合比的材料用量　　　　　（单位：kg/m³）

强 度 等 级	水 泥	石 灰 膏	砂	水
M2.5	200 ~ 230			
M5	230 ~ 280	（350 ~ 400）－水泥	1m³ 砂的堆积密度值	180 ~ 280
M7.5	280 ~ 330			
M10	330 ~ 380			

5.2.2　装饰抹灰砂浆

涂抹在建筑物内外墙表面，以增加建筑物美观效果的砂浆称为装饰砂浆。装饰砂浆的面层应选用具有一定颜色的胶凝材料和集料并采用特殊的施工操作方法，使表面呈现出各种不同的色彩线条和花纹等装饰效果。

装饰砂浆所采用的胶凝材料有普通水泥、矿渣水泥、火山灰水泥、白水泥和彩色水泥，以及石灰、石膏等。集料常用大理石、花岗石等带颜色的细石渣或玻璃、陶瓷碎粒等，如图 5-15 所示。

1. 拉毛

先用水泥砂浆或水泥混合砂浆做底层，再用水泥石灰砂浆或水泥纸筋灰浆做面层，在面层灰浆尚未凝结之前用铁抹子等工具将表面轻压后顺势轻轻拉起，形成凹凸感较强的饰面层，如图 5-16 所示。

图 5-15　彩色水泥、细石渣　　　　　　　　图 5-16　拉毛

2. 水刷石

水刷石是将水泥和粒径为 5mm 左右的石渣按比例混合，配制成水泥石灰砂浆，涂抹成型。待水泥浆初凝后，以硬毛刷蘸水刷洗，或喷水冲刷，将表面水泥浆冲走，使石渣半露出来，达到装饰效果。水刷石饰面具有石料饰面的质感效果，主要用于外墙饰面，另外檐口、腰线、窗套、阳台、雨篷、勒脚及花台等部位也常使用，如图 5-17 所示。

3. 干粘石

干粘石是在素水泥浆或聚合物水泥砂浆黏结层上，将彩色石渣或石子等直接黏在砂浆层上，再拍平压实的一种装饰抹灰做法，分为人工甩黏和机械喷黏两种。要求石子黏结牢固、不脱落、不露浆，石粒的 2/3 应压入砂浆中。装饰效果与水刷石相同，而且避免了湿作业，

提高了施工效率，又节约材料，应用广泛，如图 5-18 所示。

图 5-17　水刷石　　　　　　　　　　　　　　　图 5-18　干粘石

4. 水磨石

水磨石是用普通水泥、白水泥或彩色水泥和有色石渣或白色大理石碎粒及水按适当比例

配合，需要时掺入适量颜料，经拌匀、浇筑捣实、养护、硬化、表面打磨、洒草酸冲洗以及干燥后上蜡等工序制成。

水磨石分预制和现制两种。它不仅美观而且有较好的防水和耐磨性能，多用于室内地面，如图 5-19 所示。

图 5-19　水磨石

5. 喷涂

喷涂多用于外墙饰面，是用砂浆泵或喷斗，将掺有聚合物的水泥砂浆喷涂在墙面基层或底灰上，形成饰面层，最后在表面再喷一层甲基硅醇钠或甲基硅树脂疏水剂，以提高饰面层的耐久性和减少墙面污染，如图 5-20 所示。

图 5-20　喷涂

6. 斩假石

斩假石又称剁斧石，是在水泥砂浆基层上涂抹水泥石渣浆或水泥石屑浆，待其硬化具有

一定强度时，用钝斧及各种凿子等工具，在表层上剁斩出纹理。斩假石既有石材的质感，又有精工细作的特点，给人以朴实、自然、素雅和庄重的感觉。斩假石饰面一般多用于局部小面积装饰，如勒脚、台阶、柱面或扶手等，如图 5-21 所示。

图 5-21　斩假石

5.3 特种砂浆

5.3.1 防水砂浆

防水砂浆和抗渗混凝土一样，属于刚性防水材料，通过提高砂浆的密实性及改进抗裂性以达到防水抗渗的目的，主要用于结构比较稳定，不受振动，不因结构沉降或温湿度变化而产生裂缝的防水工程。配制防水砂浆的方法有三种：刚性多层抹面的水泥砂浆，掺防水剂的防水砂浆，聚合物水泥防水砂浆。

1. 刚性多层抹面水泥砂浆

由水泥净浆和强度等级在 32.5 以上的普通水泥: 中砂: 水 = 1: (1.5 ~ 3): 0.5 配制的水泥砂浆，分层交替抹压密实，以使每层毛细孔通道大部分被切断，无法形成贯通的渗水孔网。硬化后的防水层具有较高的防水和抗渗性能，用于一般的防水工程。

2. 掺防水剂的防水砂浆

在水泥砂浆中掺入各类防水剂以提高砂浆的防水性能，常用的防水剂有氯化物金属类、水玻璃类、金属皂类等。防水效果很大程度上取决于施工质量。施工时一般分五层，每层5mm，初凝前用抹子压实，最后一层压光，并精心养护。

3. 聚合物水泥防水砂浆

用水泥、聚合物分散体作为胶凝材料与砂配制而成的砂浆。聚合物可有效地封闭连通的孔隙，增加砂浆的密实性及抗裂性，从而可以改善砂浆的抗渗性及抗冲击性。常用的聚合物品种有：有机硅、阳离子氯丁胶乳、乙烯-聚醋酸乙烯共聚乳液、丁苯橡胶胶乳以及氯乙烯-偏氯化烯共聚乳液等。

可在潮湿面进行施工，可采用搅拌混凝土内施工方案。黏结力比普通水泥砂浆高 3 ~ 4 倍，抗折强度比普通水泥砂浆高 3 倍以上，所以该砂浆抗裂性能更好。可在迎水面、背水面、坡面以及异形面起到防水、防腐和防潮作用。黏结力强，不会产生空鼓、抗裂或串水等现象。

阳离子氯丁胶乳既可用于防水防腐，也可用堵漏和修补；可无找平层和保护层；一日内能完工，工期短，综合造价低；可在潮湿或干燥基面上施工。氯丁胶乳力学性能优良，耐日光、臭氧及大气和海水老化，耐油酯、酸、碱及其他化学药品腐蚀，耐热，不延烧，能自熄，抗变形，抗震动，耐磨，气密性和抗水性好，总黏合力大无毒无害，可用于饮水池施工使用，施工安全，简单方便，寿命长，长期浸泡在水里寿命在 50 年以上，如图 5-22 所示。

图 5-22 聚合物防水砂浆

5.3.2 保温砂浆

市面上的保温砂浆主要为两种：

1) 无机保温砂浆，例如：玻化微珠防火保温砂浆、复合硅酸铝保温砂浆和珍珠岩保温砂浆。

2）有机保温砂浆，例如：胶粉聚苯颗粒保温砂浆。

保温砂浆是以各种轻质材料为骨料，以水泥为胶凝料，掺和一些改性添加剂，经搅拌混合而制成的一种预拌干粉砂浆，用于构筑建筑表面保温层的一种建筑材料，如图 5-23 和图 5-24 所示。

图 5-23　保温砂浆

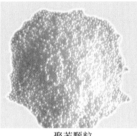

玻化微珠　　　　　　聚苯颗粒　　　　　　膨胀珍珠岩

图 5-24　掺入的轻骨料

在这几种保温砂浆材料当中，使用最多的则是玻化微珠保温材料和胶粉聚苯颗粒保温砂浆。其中玻化微珠保温砂浆具有优异的保温隔热性能、防火耐老化性能、不空鼓开裂、强度高和施工方便等特点，也是珍珠岩保温砂浆的升级材料，珍珠岩保温砂浆由于吸水率太高逐渐被淘汰。胶粉聚苯颗粒保温砂浆具有重量轻、强度高、隔热防水、抗雨水冲刷能力强、水中长期浸泡不松散、导热系数低、干密度小、软化系数高、干缩率低、干燥快、整体性强、耐候和耐冻融等特点。复合硅酸铝保温砂浆由于黏结性能及施工质量等存有隐患，是国家明令的限用建材。

无机保温砂浆与弹性腻子、保温涂料、面砖或勾缝剂按照一定的方式复合在一起，设置于建筑物表面，起到保温、装饰和保护作用的体系称为无机保温系统，如图 5-25 所示，有以下优点：

1）有极佳的温度稳定性和化学稳定性；良好的柔性、耐水性、耐候性、耐冻融和抗老化、寿命长。

2）施工简便，现场直接加水调和使用，方便操作；透气性好，呼吸功能强，既防水，又能排出保温层内水分。

3）适用范围广、全封闭、无接缝和无空腔，阻止冷热桥产生。

4）绿色环保无公害。

5）强度高，与基层黏结强度高。

粉刷砂浆
墙体材料
界面剂
聚合物保温砂浆
耐碱玻纤网格布
抗裂防水砂浆
外墙涂料

图 5-25　无机保温砂浆的构造层次

6）防火阻燃安全性好，用户放心。

7）热工性能好，保温性能稳定优越。

8）防霉效果好。

9）经济性好。

5.3.3　吸声砂浆

吸声砂浆是指具有吸声功能的砂浆，常用于室内墙面、屋顶、厅堂墙壁以及顶棚的吸声。吸声砂浆一般采用膨胀珍珠岩或膨胀蛭石等轻质多孔骨料拌制而成，由于其骨料内部孔隙率大，因此吸声性能也十分优良。一般绝热砂浆都具有多孔结构，因此也具备吸声功能。

工程中常以水泥:石灰膏:砂:锯末＝1:1:3:5（体积比）来配制吸声砂浆。或在石灰、石膏砂浆中，掺加玻璃棉、矿棉、有机纤维或棉类物质以达到相同效果，如图5-26所示。

5.3.4　抗裂砂浆

抗裂砂浆由水泥、石英砂和聚合物胶结料配以多种添加剂经机械混合均匀而成，主要用于薄抹灰保温系统中保温层外的抗裂保护层，也称聚合物抗裂抹面砂浆，如图5-27所示。

图 5-26　吸声砂浆喷涂

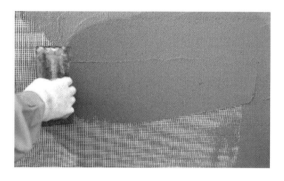

图 5-27　聚合物抗裂砂浆

抗裂砂浆的特点：

1）防腐性：砂浆防水层具有耐腐蚀、耐碱的效果，可以防止因气候的原因使表面发生损害的情况。

2）黏合力：防水剂对各种混凝土、石砖等材料有着强大的黏合力。

3）耐磨性：砂浆水泥与防水剂所形成的防水层，具有耐磨的特点。

4）抗冲击：砂浆防水剂在受到冲击时，上面的物质纤维，能够防止其出现裂缝，具有很好的抗冲击。

5）防水性：防水剂遇到乳液粒子与水泥会发生化学作用，能够减少水泥砂浆中的空隙，防止水分往内渗透，因而它有很好的防水性。

6）无毒性：防水剂在制作上采用沥青、焦油等液体型防水材料不但不会污染环境，而且还不会对人体健康造成损害。

5.4　砂浆的检测

1. 砌筑砂浆的抽样送检

（1）抽检数量

每一检验批且不超过250m³砌体的各类及各强度等级的普通砌筑砂浆，每台搅拌机应至少抽检一次。

（2）检验方法

在砂浆搅拌机出料口或在湿拌砂浆的储存容器出料口随机取样制作砂浆试块（现场拌制的砂浆，同盘砂浆只应制作一组试块），试块标养28d后作强度试验。

（3）评定标准

砌筑砂浆试块强度验收时，其强度合格标准应符合下列规定：

1）砌筑砂浆的验收批，同一类型、强度等级的砂浆试块不应少于3组（每组3个试块）；同一验收批砂浆只有1组或2组试块时，每组试块抗压强度平均值应大于或等于设计强度等级值的1.10倍。

2）同一验收批砂浆试块强度平均值应大于或等于设计强度等级值的1.10倍，同一验收批砂浆试块强度的最小值应大于或等于设计强度等级值的0.85。

2. 砂浆稠度的测定

步骤：

1）滑杆涂刷润滑油。湿布擦净容器试锥表面。

2）将拌和均匀的砂浆一次装入圆锥筒内，筒上口砂浆表面低于容器口10mm。插捣25次（自中心向边缘），轻摇容器或敲击5~6下。

3）调节螺栓使试锥尖端与砂浆表面接触，指针调零点；然后突然松开固定螺栓，圆锥体自由沉入砂浆10s后读出下沉的距离（mm），即为砂浆的稠度值。

取两次测定结果算术平均值作为砂浆稠度的测定结果。如两次测定值之差大于3cm，应配料重新测定。工地上可采用简易测定砂浆稠度的方法，将单个圆锥体的尖端与砂浆表面相接触，然后放手让圆锥体自由沉入砂浆中，取出圆锥体，用尺直接量出沉入的垂直深度（以cm计），即为砂浆的稠度。

3. 分层度的测定

步骤：

1）同上步，测定砂浆拌合物稠度K1。

2）将砂浆一次装入分层度筒内，装满后，用木锤在4个不同部位轻轻敲击1~2下，随时添加至满，抹平。

3）静置30min后，去掉上节200mm砂浆，剩余的100mm砂浆倒出放在拌合锅内拌2min，再测其稠度K2。前后测得的稠度之差即为该砂浆的分层度值（mm）。

如果采用快速法测定分层度，分层度筒固定在振动台上，砂浆装入后振动20s。如有争议以标准法为准。

4. 保水率的测定

步骤：

1）称量底部不透水片与干燥试模质量 m_1 和8片中速定性滤纸质量 m_2，砂浆装入试模，并用抹刀插捣数次。用抹刀刮去多余的砂浆，称量试模、底部不透水片与砂浆总质量 m_3。

2）用2片医用棉纱覆盖在砂浆表面，再在棉纱表面放上8片滤纸，用上部不透水片盖在滤纸表面，以2kg的重物把上部不透水片压住。

3）静止2min后移走重物及上部不透水片，取出滤纸。迅速称量滤纸质量 m_4，按配比及加水量计算含水率。

$$W = \left[1 - \frac{m_4 - m_2}{\alpha \times (m_3 - m_1)} \right] \times 100\%$$

α 为砂浆含水率，计算方法是：称取 100g 砂浆拌和物，置于一干燥并已称重的盘中，在 (105 ± 5)℃的烘箱内烘干至恒重，前后质量差即水分质量，除以砂浆质量算出含水率。

所用仪器如图 5-28 所示。也可以用砂浆保水率测定仪测定，如图 5-29 所示。

图 5-28　试模、滤纸等

图 5-29　砂浆保水率测定仪

5. 强度的测定

步骤：

1）按规定方法成型 3 个边长为 70.7mm × 70.7mm × 70.7mm 的立方体试块，温度 (20 ± 5)℃，静置 (24 ± 2)h 后，拆模。

2）在标准养护条件温度 (20 ± 2)℃，相对湿度≥90% 下，用标准方法养护，龄期 28d。

3）测量尺寸，检查外观，计算承压面积；进行抗压强度试验（加荷速度：0.25 ~ 1.5kN/s），计算抗压强度。

砂浆试块抗压强度检测报告见表 5-9。砂浆配合比检测报告见表 5-10。

表 5-9　砂浆试块抗压强度检测报告

委托单位：×××　　　　　　　　　　　　　　　　　　　　　统一编号：××

工程名称	×××			委托日期	2018.01.11	
使用部位	综合办公楼地下室．维修车间基坑围护下层			报告日期	2018.01.11	
强度等级	M20			试块规格/mm	70.7 × 70.7 × 70.7	
预拌混凝土生产厂家	×××建材有限公司			砂浆种类	水泥砂浆	
养护方法	标准养护			配合比编号		
样品状态	表面平整，无缺棱掉角			检测类别	委托检测	
成型日期	破型日期	龄期/d	单块强度值/MPa	强度代表值/MPa	达到设计强度（%）	
2017.12.14	2018.01.11	28	44.9	44.4	222	
			46.5			
			41.7			
以下空白						
依据标准	《建筑砂浆基本性能试验方法标准》（JGJ/T 70—2009）					

95

（续）

备注	见证单位：××	
	见证人：××	取样人：××
声明	1. 本检测报告无检验检测专用章和计量认证专用章无效；无检测、审核、批准签字无效。 2. 本检测报告结论不含无标准要求的实测结果，该数据仅供委托方参考。 3. 若有异议或需要说明之处，请于出具报告之日起十五日内书面提出，逾期不予受理。 4. 未经本检验检测机构书面批准，不得复制该报告。 5. 地址：×××　电话：×××　邮政编码：×××	

检测单位：×××建筑工程检测公司　　批准：　　　　审核：　　　　检测：

表 5-10　砂浆配合比检测报告

委托单位：　　　　　　　　　　　　　　　　　　　　　　　　　　　统一编号：

工程名称				委托日期		
使用部位				报告日期		
设计等级	M5.0			砂浆种类		
要求稠度 /mm				检测类别	委托检测	
水泥品种及 强度等级	P·S·A/32.5			报告编号		
砂规格	Ⅱ区 中砂			报告编号		
外加剂种类				报告编号		
掺加料种类				报告编号		
掺合料种类				报告编号		
样品状态	水泥：色泽均匀，粉状无结块　砂子：色泽均匀，无明显可见夹杂物					
配合比						
材料名称	水泥	砂	水	掺加料	掺合料	外加剂
用量/（kg/m³）	214	1380	270			
质量配合比	1	6.45	1.26			
实测稠度/mm		保水率（%）			养护方法	标准养护
依据标准	《砌筑砂浆配合比设计规程》（JGJ/T 98—2010）、《建筑砂浆基本性能试验方法标准》（JGJ/T 70—2009）、《预拌砂浆》（GB/T 25181—2010）和《蒸压加气混凝土墙体专用砂浆》（JC/T 890—2017）					
备注	见证单位：_____					
	见证人：_____			取样人：		
声明	1. 本检测报告无检验检测专用章和计量认证专用章无效；无检测、审核、批准签字无效。 2. 本检测报告结论不含无标准要求的实测结果，该数据仅供委托方参考。 3. 若有异议或需要说明之处，请于出具报告之日起十五日内书面提出，逾期不予受理。 4. 未经本检验检测机构书面批准，不得复制该报告。 5. 地址：×××　电话：×××　邮政编码：×××					

检测单位：×××建筑工程检测公司　　批准：　　　　审核：　　　　检测：

本章练习题

1. 砌筑砂浆的组成材料各有何要求?
2. 烧结砖如何划分质量等级?
3. 对比水泥、混凝土、砂浆和砖的强度等级表示方法和测定。

材 料 品 种	划分等级依据	试 件 尺 寸	表 示 方 法	强 度 等 级
水泥				
混凝土				
砂浆				
砖				

4. 简述抹灰砂浆分层施工法各层作用及要求。

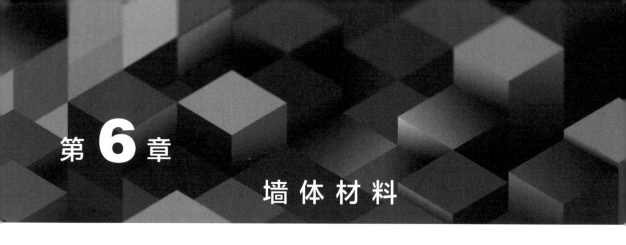

第 6 章

墙 体 材 料

【技能目标】

1. 能按照国家标准要求进行普通砖和砌块的取样和试件的制作。

2. 能正确使用检测仪器对普通砖和砌块各项技术指标进行检测。

3. 能正确填写质量检测报告。

【知识目标】

1. 掌握墙体材料的种类及技术性能。

2. 掌握墙体材料的技术标准, 特点和应用。

【情感目标】

1. 满足求知欲, 增长学生见识。

2. 通过学习墙体材料, 激发学生对于墙体材料学习的兴趣。

6.1 砌墙砖

墙体在房屋建筑中主要起承重、围护和分隔的作用, 同时还兼有保温、隔热、吸声、隔声、耐水和防火等多种功能。

6.1.1 分类

1) 按加工工艺分为烧结砖和非烧结砖。

2) 按孔洞率 (孔洞占的表面积) 分为普通砖 (无孔洞或孔洞率≤15%) 、多孔砖 (孔洞率≥28%) 和空心砖 (孔洞率≥40%) 。

3) 按材料分为黏土砖、页岩砖、煤矸石砖、粉煤灰砖、灰砂砖和混凝土砖等。

6.1.2 烧结普通砖

烧结普通砖是以黏土、页岩、煤矸石和粉煤灰为主要原料, 经焙烧而成的普通砖。按主要原料分为烧结黏土砖 (N) 、烧结页岩砖 (Y) 、烧结煤矸石砖 (M) 和烧结粉煤灰砖 (F) 。

1. 规格尺寸

一般为 240mm × 115mm × 53mm。其大面为 240mm × 115mm, 条面为 240mm × 53mm, 顶面为 115mm × 53mm, 如图 6-1 所示。若加上砌筑灰缝厚度 10mm, $1m^3$ 砖砌体理论上需砖 4 × 8 × 16 = 512 块。

2. 强度等级

烧结普通砖根据抗压强度分为 MU10、MU15、MU20、

图 6-1 烧结普通砖各部位名称及尺寸

MU25 和 MU30 五个强度等级。一般达到 10MPa 即可用于承重墙，等级评定见表 6-1。

表 6-1　烧结普通砖强度等级划分规定（GB/T 5101—2017）　　　（单位：MPa）

强度等级	抗压强度平均值 f≥	变异系数 δ≤0.21	变异系数 δ>0.21
		强度标准值 f_k≥	单块最小抗压强度值 f_{min}≥
MU30	30.0	22.0	25.0
MU25	25.0	18.0	22.0
MU20	20.0	14.0	16.0
MU15	15.0	10.0	12.0
MU10	10.0	6.5	7.5

3. 质量等级

强度和抗风化性能和放射性物质含量合格的砖，根据尺寸偏差、外观质量、泛霜和石灰爆裂等分为优等品（A）、一等品（B）和合格品（C）三个质量等级。

抗风化性能是指材料在干湿变化、温度变化和冻融变化等物理因素作用下不被破坏并保持原有性质的能力。用于严重风区中东北三省、内蒙古和新疆等五个地区的砖必须进行冻融试验。其他地区的砖，其吸水率和饱和系数指标若能达到要求，可认为其抗风化性能合格，不再进行冻融试验，当有一项指标达不到要求时，则必须进行冻融试验。

1) 尺寸偏差和外观质量情况控制应符合《烧结普通砖》(GB/T 5101—2017) 的规定，见表 6-2 和表 6-3。

表 6-2　烧结普通砖的外观质量要求（GB/T 5101—2017）

项　　目		优　等　品	一　等　品	合　格　品
两条面高度差/mm（不大于）		2	3	4
弯曲/mm（不大于）		2	3	4
杂质突出度/mm（不大于）		2	3	4
缺棱掉角的三个破坏尺寸/mm（不得同时大于）		5	20	30
裂纹长度/mm（不大于）	大面上宽度方向及其延伸至条面的长度	30	60	80
	大面上长度方向及其延伸至顶面的长度或条顶面上水平裂纹的长度	50	80	100
完整面（不得少于）		两条面和两顶面	一条面和一顶面	—
颜色		基本一致	—	—

注：1. 为装饰而施加的色差、凹凸纹、拉毛、压花等不算作缺陷。

2. 凡有下列缺陷之一者，不得称为完整面：

1) 缺损在条面或顶面上造成的破坏面尺寸同时大于 10mm×10mm。

2) 条面或顶面上裂纹宽度大于 1mm，其长度超过 30mm。

3) 压陷、粘底、焦花在条面或顶面上的凹陷或凸出超过 2mm，区域尺寸同时大于 10mm×10mm。

表 6-3　烧结普通砖的尺寸允许偏差（GB/T 5101—2017）　　　（单位：mm）

公称尺寸	优　等　品		一　等　品		合　格　品	
	样本平均偏差	样品极差（不大于）	样本平均偏差	样品极差（不大于）	样本平均偏差	样品极差（不大于）
240	±2.0	6	±2.5	7	±3.0	8
115	±1.5	5	±2.0	6	±2.5	7
53	±1.5	4	±1.6	5	±2.0	6

2）烧结砖的泛霜。当生产烧结砖的原料中含有可溶性无机盐时，砖吸水后再干燥时，水分会向外迁移，这些可溶性盐随水渗过砖的表面，水分蒸发后便留下白色粉末状的盐，形成白霜，这就是泛霜现象，如图6-2所示。泛霜严重时，抗冻性显著下降。国家标准规定优等砖不得有泛霜现象，合格砖不得出现严重泛霜。

3）烧结砖的石灰爆裂。如图6-3所示，烧结砖的原料中夹有石灰石等杂物，经焙烧后砖内形成了颗粒状的石灰块等物质。吸水后，局部体积膨胀，导致砖体开裂甚至崩溃。造成砖体的外观缺陷和强度降低，还可能造成对砌体的严重危害。标准规定，优等品砖不允许出现最大破坏尺寸大于2mm的爆裂区域；一等品砖不允许出现最大破坏尺寸大于10mm的爆裂区域，在2～10mm之间爆裂区域，每组砖样不得多于15处。

图6-2　泛霜现象

图6-3　石灰爆裂现象

欠火砖，低温下焙烧，黏土颗粒间熔融物少，导致砖的孔隙率大、色浅、强度低、吸水率大和耐久性差，敲击时声哑；过火砖由于烧成温度过高，砖软化变形，造成外形尺寸极不规整，色较深，敲击时声清脆。

6.1.3　多孔砖与空心砖

1. 烧结多孔砖

烧结多孔砖通常指砖内孔径不大于22mm，孔洞率不小于28%的烧结砖，如图6-4所示 。

（1）规格尺寸

外形尺寸可为长度 L：290mm、240mm或190mm，宽

图6-4　烧结多孔砖

度 B：240mm、190mm、180mm、175mm、140mm或115mm，高度 H 为90mm的不同组合而成。

烧结多孔砖内的孔洞尺寸小且数量多，孔洞分布在大面且均匀合理，孔壁部分砖体较密实，所以强度较高。工程中使用时常以孔洞垂直于承压面。孔洞应符合《烧结多孔砖和多孔砌块》（GB 13544—2011）的规定，见表6-4。

表6-4　烧结多孔砖和烧结多孔砌块孔型结构及孔洞率（GB 13544—2011）

孔　形	孔洞尺寸/mm		最小外壁厚/mm	最小肋厚/mm	孔洞率（%）		孔洞排列
	孔洞宽度尺寸 b	孔洞长度尺寸 L			砖	砌块	
矩形条孔或矩形孔	≤13	≤40	≥12	≥5	≥28	≥33	1. 所有孔宽应相等，孔采用单向或双向交错排列 2. 孔洞排列上下，左右应对称，分布均匀，手抓孔的长度方向尺寸必须平行于砖的条面

注：1. 矩形孔的孔长 L 和孔宽 b 满足 L≥3b 时，为矩形条孔。

　　2. 孔四个角应做成过渡圆角，不得做成直尖角。

　　3. 如设有砌筑砂浆槽，则砌筑砂浆槽不计算在孔洞率内。

　　4. 规格大的砖和砌块应设置手抓孔，手抓孔尺寸为(30～40)mm×(75～85)mm

（2）强度等级

烧结多孔砖根据抗压强度分为 MU30、MU25、MU20、MU15 和 MU10 五个强度等级。

2. 烧结空心砖

烧结空心砖简称空心砖，是指以页岩、煤矸石或粉煤灰为主要原料，经焙烧而成的具有竖向孔洞（孔洞率不小于 40%，孔的尺寸大且数量少）的砖，如图 6-5 所示。

图 6-5　烧结空心砖

（1）尺寸规格

烧结空心砖的外形尺寸：长度为 290mm、240mm 或 190mm，宽度为 240mm、190mm、180mm、175mm、140mm 或 115mm，高度为 90mm。由两两相对的顶面、大面及条面组成直角六面体，其孔洞方向与受力方向垂直，如图 6-5 所示。

（2）技术性能

1）按国家标准《烧结空心砖和空心砌块》（GB/T 13545—2014）的规定，空心砖依据抗压强度可划分为 MU10、MU7.5、MU5.0 和 MU3.0 四个强度等级。

2）根据空心砖（含孔洞）的表观密度（kg/m^3）划分为 800、900 和 1100 三个等级的空心砖。每个密度级别根据外观质量、强度等级、尺寸偏差和物理性能，又分为优等品（A）、一等品（B）与合格品（C）三个等级。

6.1.4　非烧结砖

非烧结砖按照硬化方式可以分为碳化砖、免烧免蒸砖和蒸养砖。常见种类有混凝土砖、灰砂砖、粉煤灰砖和煤渣砖等。这种砖一般不耐酸，不耐热，因此不得用于长期受热 200℃以上、受急冷急热和有酸性介质侵蚀的建筑部位，也不宜用于有流水冲刷的部位。

1. 蒸压灰砂砖

蒸压灰砂砖是以石灰和砂子为原料（也可加入着色剂或掺和剂），经配料、拌和、压制成型和蒸压养护而制成的，如图 6-6 所示。灰砂砖的尺寸规格与烧结普通砖相同，其体积密度为 1800 ~ 1900kg/m^3，导热系数约为 0.61W/（m·K），根据产品的尺寸偏差和外观分为优等品（A）、一等品（B）和合格品（C）三个等级。

按照《蒸压灰砂砖》（GB 11945—1999）的规定，根据砖浸水 24h 后的抗压强度和抗折强度划分为 MU25、MU20、MU15 和 MU10 四个强度等级。

2. 蒸压粉煤灰砖

蒸压粉煤灰砖是指以粉煤灰、石灰或水泥为主要原料，掺加适量石膏和集料经混合料制备、压制成型和养护（高压养护、常压养护或自然养护）而成的粉煤灰砖，如图 6-7 所示。

图 6-6　蒸压灰砂砖

图 6-7　蒸压加气粉煤灰砖

蒸压粉煤灰砖的尺寸与烧结普通砖完全一致，为 240mm × 115mm × 53mm，所以用蒸压

砖可以直接代替烧结普通砖。

蒸压粉煤灰砖按照建材行业标准《蒸压粉煤灰砖》（JC/T 239—2014）的规定，根据抗压强度和抗折强度划分为 MU30、MU25、MU20、MU15 和 MU10 共五个强度等级；按外观质量、尺寸偏差、强度和干燥收缩值分为优等品（A）、一等品（B）和合格品（C），其各项性能指标应符合国家标准的规定。

蒸压粉煤灰砖可用于工业与民用建筑的墙体和基础，但用于基础易受冻融和干湿交替作用的部位，强度等级必须为 MU15 及以上。该砖不得用于长期受热 200℃ 以上，受急冷、急热和有酸性介质侵蚀的建筑部位。

3. 混凝土实心砖

（1）定义

以水泥和骨料，以及根据需要加入掺合料或外加剂等，经加水搅拌、成型及养护支撑的混凝土实心砖，如图 6-8 所示。

图 6-8　混凝土实心砖

（2）规格、等级、标记

1）规格：同烧结普通砖。

2）密度等级。按混凝土自身的密度分为 A 级（≥2100kg/m³）、B 级（1681～2099kg/m³）和 C 级（≤1680kg/m³）3 个密度等级。

3）强度等级。砖的抗压强度分为 MU40、MU35、MU30、MU25、MU20 和 MU15 六个等级。

4）标记。混凝土实心砖产品按下列顺序进行标记：代号、规格尺寸、强度等级、密度等级和标准编号。

标记示例：SCB 240×115×53 MU25 B GB/T 21144—2007。是规格为 240mm×115mm×53mm，抗压强度等级为 MU25，密度等级为 B 级，合格的混凝土实心砖。

6.2　砌块

6.2.1　分类

砌块是用于砌筑工程的人造块材，砌块与砖的主要区别是，砌块的长度大于 365mm，宽度大于 240mm 或高度大于 115mm。工程中常用的砌块有水泥混凝土砌块、轻集料混凝土砌块、炉渣砌块、粉煤灰砌块及其他硅酸盐砌块、水泥混凝土铺地砖等，如图 6-9 所示。砌块有 4 种分类方法：

1）按用途可分为承重砌块和非承重砌块。

2）按有无孔洞可分为实心砌块和空心砌块。

3）按产品规格可分为大型砌块（高度＞980mm）、中型砌块（高度为 380～980mm）和小型砌块（高度为 115～380mm）。

混凝土小型空心砌块　　　加气混凝土砌块

图 6-9　常用砌块

4）按生产工艺可分为烧结砌块和蒸养蒸压砌块。

6.2.2　蒸压加气混凝土砌块

蒸压加气混凝土砌块是用钙质材料（如水泥、石灰）和硅质材料（如砂子、粉煤灰、矿渣）进行配料，加入铝粉作加气剂，经加水搅拌、浇筑成型、发气膨胀以及预养切割，再经高压蒸汽养护而成的多孔硅酸盐砌块，如图 6-10 所示。

图 6-10　蒸压加气混凝土砌块

1. 砌块的规格

砌块的一般规格的公称尺寸见表6-5。

表 6-5　蒸压加气混凝土砌块的规格尺寸

长度 L/mm	宽度 B/mm	高度 H/mm
600	100、120、125、150、180、200、240、250、300	200、240、250、300

2. 主要技术要求

根据《蒸压加气混凝土砌块》（GB 11968—2006）的规定，砌块按尺寸偏差、外观质量、干密度、抗压强度和抗冻性分为优等品（A）和合格品（B）两个等级。

1）砌块的抗压强度，如表6-6所示。

表 6-6　蒸压加气混凝土砌块的抗压强度（GB 11968—2006）

强度级别		A1.0	A2.0	A2.5	A3.5	A5.0	A7.5	A10.0
立方体抗压强度/MPa	平均值≥	1.0	2.0	2.5	3.5	5.0	7.5	10.0
	最小值≥	0.8	1.6	2.0	2.8	4.0	6.0	8.0

2）砌块的干密度，如表6-7所示。

表 6-7　蒸压加气混凝土砌块的干密度（GB 11968—2006）

干密度级别		B03	B04	B05	B06	B07	B08
干密度/(kg/m³)	优等品（A）≤	300	400	500	600	700	800
	合格品（B）≤	325	425	525	625	725	825

3. 砌块的特性

蒸压加气混凝土砌块具有多孔轻质，保温隔热性能好，隔音性能好，抗震性强，耐火性好，易于加工，施工方便等优点。但同时也具有吸水导湿缓慢，干燥收缩较大，耐蚀性较差的缺点。

砌块适用于低层建筑的承重墙、多层建筑的间隔墙和高层框架结构的填充墙，一般工业建筑的围护墙。作为保温隔热材料也可用于复合墙板和屋面结构中。在无可靠的防护措施时，该类砌块不得用于水中、高湿度和有侵蚀介质的环境中，也不得用于建筑物的基础和温

建筑材料与检测

度长期高于80℃的建筑部位。

6.2.3 混凝土小型空心砌块

混凝土小型空心砌块主要是以普通混凝土拌合物为原料，经成型和养护而成的空心砌块，如图6-11所示。

主要规格尺寸为390mm×190mm×
190mm，此外还有辅助规格。按所用
集料不同，分为普通混凝土小型空心
砖块和轻集料混凝土小型空心砌块。
常用轻集料：天然轻集料，如浮石和
砂；工业废渣轻集料，如煤渣；人造
轻集料，如陶粒和砂。轻集料混凝土
小型空心砌块是综合性能较好的节能墙体材料。

图6-11 混凝土小型空心砌块

轻集料混凝土小型空心砌块（代号LHB），是由水泥、砂（轻砂或普通砂）、轻粗骨料和水等经搅拌和成型而得。

轻集料混凝土小型空心砌块根据国家标准《轻集料混凝土小型空心砌块》(GB/T 15229—2011)的规定，按其抗压强度分为MU10.0、MU7.5、MU5.0、MU3.5和MU2.5共五个等级。其密度（kg/m³）可分为500、600、700、800、900、1000、1200和1400八个等级。按尺寸允许偏差和外观质量分为一等品（B）和合格品（C）两个等级。

混凝土小型空心砌块适用于抗震设防烈度为8度和8度以下地区的一般民用与工业建筑。

6.3 墙板

6.3.1 分类

墙板分轻质面板（薄板）和条板两种。薄板常见品种有纸面石膏板、纤维增强硅酸钙板、水泥木屑板和水泥刨花板等，如图6-12所示。

纸面石膏板

纤维增强硅酸钙板

水泥木屑板

水泥刨花板

图6-12 薄板

条板类有石膏空心条板、加气混凝土空心条板和轻质空心隔墙板等，如图6-13所示。

104

6.3.2 轻质复合墙板

轻质复合墙板一般是由强度和耐久性较好的普通混凝土板或金属板作结构层或外墙面板，采用矿棉、聚氨酯棉、聚苯乙烯泡沫塑料和加气混凝土作保温层，采用各类轻质板材做面板或内墙面板，主要有以下几类。

1. 玻璃纤维增强水泥轻质多孔隔墙条板

玻璃纤维增强水泥（简称 GRC）轻质多孔隔墙条板是以低碱水泥为胶结料，耐碱玻璃纤维或其网格布为增强材料，膨胀珍珠岩为轻骨料（也可用炉渣、粉煤灰等），并配以发泡剂和防水剂等，经配料、搅拌、浇筑、振动成型、脱水及养护而成，如图 6-14 所示。

图 6-13　条板

图 6-14　玻璃纤维增强水泥轻质多孔隔墙条板

该板具有质量轻，强度高，防火性好，防水和防潮性好，抗震性好，干缩变形小，制作简便和安装快捷等特点。

2. 轻型复合板

轻型复合板是以绝热材料为芯材，以金属材料或非金属材料为面材，经不同方式复合而成，可分为工厂预制和现场复合两种。

1) 钢丝网架水泥夹芯板，以芯材不同分为聚苯乙烯泡沫、岩棉、矿渣棉和膨胀珍珠岩等板型，面层以水泥砂浆抹面。此类板材包含了泰柏系列、3D 板系列和舒乐舍板钢网板等，如图 6-15 所示。

2) 金属面夹芯板，以芯材不同分为聚苯乙烯泡沫塑料、硬质聚氨酯泡沫塑料、岩棉、矿渣棉、酚醛泡沫塑料和玻璃棉等板型，如同 6-16 所示。

聚苯乙烯泡沫钢丝板　　岩棉舒乐舍板

图 6-15　钢丝网架水泥夹芯板

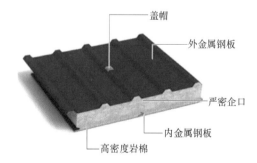

图 6-16　金属面夹芯板

6.4　砖、砌块的检测

6.4.1　普通砖的检测

1. 质量检测项目

1) 尺寸偏差和外观质量检测。

2）抗压强度检测。

2. 取样

烧结普通砖3.5万~15万块为一批，烧结多孔砖每5万块为一批，烧结空心砖3万块为一批，作强度检验的样品。从尺寸偏差和外观质量检查合格的样品中按随机抽样法抽取15块（普通砖10块）用来检验抗压强度，其中，烧结多孔砖的抗压强度和抗折荷重检验各5块（备用5块），空心砖大面抗压和条面抗压强度检验各5块（备用5块）。

3. 普通砖尺寸偏差与外观质量检测

（1）主要仪器设备

砖用卡尺，钢直尺，如图6-17所示。

（2）检测步骤

1）砖的尺寸偏差测量。长度和宽度应在砖的两个大面的中间处分别测量两个尺寸；高度应在两个条面的中间处分别测量两个尺寸，以钢直尺测量，如图6-18所示。当被测处有缺陷或凸起时，可在其旁边测量，但应选择不利的一侧，精确至0.5mm。每一方向尺寸以两个测量值的算数平均值表示。

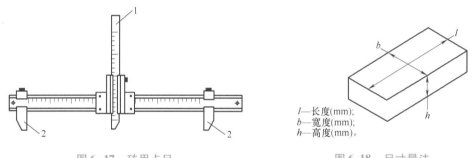

图6-17　砖用卡尺
1—垂直尺　2—支脚

图6-18　尺寸量法
l—长度(mm);
b—宽度(mm);
h—高度(mm)。

2）砖外观质量检查：缺损。缺棱掉角在砖上造成的破损程度，以破损部分对长、宽、高三个棱边的投影尺寸来度量，称为破坏尺寸，以钢直尺测量，如图6-19所示。缺损造成的破坏面，是指缺损部分对条、顶面（空心砖为条、大面）的投影面积，如图6-20所示。空心砖内壁残缺及肋残缺尺寸，以长度方向的投影尺寸来度量。

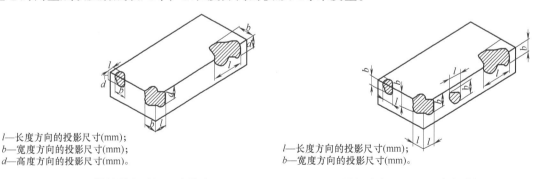

l—长度方向的投影尺寸(mm);
b—宽度方向的投影尺寸(mm);
d—高度方向的投影尺寸(mm)。

图6-19　缺棱掉角破坏尺寸量法

l—长度方向的投影尺寸(mm);
b—宽度方向的投影尺寸(mm)。

图6-20　缺损在条、顶面上造成破坏面量法

3）砖外观质量检查：裂纹。裂纹分为长度方向、宽度方向和水平方向三种，以被测方向的投影长度表示。如果裂纹从一个面延伸至其他面上时，则累计其延伸的投影长度，以钢直尺测量，如图6-21所示。

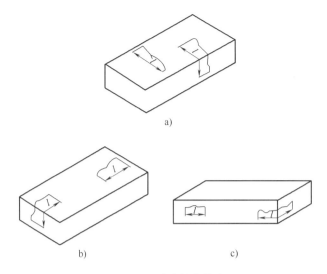

图 6-21 裂纹长度量法

a）宽度方向裂纹长度量法 b）长度方向裂纹长度量法 c）水平方向裂纹长度量法

裂纹长度以在三个方向上分别测得的最长裂纹作为测量结果。

4）砖外观质量检查：弯曲。弯曲分别在大面和条面上测量，测量时将砖用卡尺的两个卡脚沿棱边两端放置，择其弯曲最大处将垂直尺推到砖面。但不应将因杂质或碰伤造成的凹处计算在内。以弯曲中测得的较大者作为测量结果。

5）砖外观质量检查：杂质凸出高度。杂质在砖面上造成的凸出高度，以杂质距砖面的最大距离表示。测量将砖用卡尺的两个卡脚置于凸出两边的砖平面上，以砖用卡尺测量，如图 6-22 所示。

（3）检测结果

1）砖的尺寸偏差：检测结果分别以长度、宽度和高度 3 个测定值的算数平均值作为最终检测结果，并按规定计算样本平均偏差和样本极差，精确至 1mm，不足 1mm 者按 1mm 计。

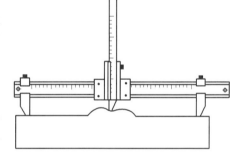

图 6-22 杂质凸出量法

2）砖的外观测量以 mm 为单位，不足 1mm 者按 1mm 计。

4. 普通砖抗压强度检测

（1）主要仪器设备

1）材料试验机。试验机的示值误差不大于 ±1%，其下加压板应为球绞支座，预期最大破坏荷载应在量程的 20%~80% 之间。

2）抗压试件制备平台。试件制备平台必须平整水平，可用金属或其他材料制作。

3）水平尺。规格为 250~300mm。

4）钢直尺。分度值为 1mm。

（2）试样制备

试样切断或锯成两个半截砖，断开的半截砖长不得小于 100mm，如图 6-23 所示。如果不足 100mm，应另取备用试样补足。

在试样制备平台上，将已断开的半截砖放入室温的净水中浸 10~20min 后取出，并以断

口相反方向叠放，两者中间用厚度不超过 5mm 的水泥净浆黏结。水泥净浆采用强度等级为 32.5MPa 的普通硅酸盐水泥调制，要求稠度适宜。上下两面用厚度不超过 3mm 的同种水泥净浆抹平。用水平尺检测制成的试件上下两面须互相平行，并垂直于侧面，如图 6-24 所示。试件应放在温度不低于 10℃ 的不通风室内养护 3d，再进行试验。

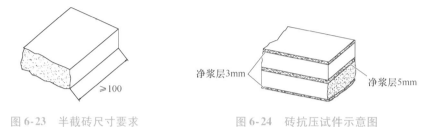

图 6-23　半截砖尺寸要求　　　图 6-24　砖抗压试件示意图

（3）试验步骤

1）用钢直尺测量每个试件连接面或受压面的长和宽尺寸各两个，分别取其平均值，精确至 1mm。

2）分别将 10 块试件平放在试验机加压板的中央，垂直于受压面加荷，应均匀平稳，不得发生冲击或振动。加荷速度为（5±0.5）kN/s，直至试件破坏为止，分别记录最大破坏荷载 F（单位为 N）。

（4）试验结果

1）计算 10 块砖的抗压强度值，精确至 0.1MPa。

2）计算 10 块砖强度变异系数和抗压强度的平均值和标准值。

3）强度等级评定：当变异系数 $\delta \leqslant 0.21$ 时，按实际测定的砖抗压强度平均值和强度标准值，根据标准中强度等级规定的指标，评定砖的强度等级。

普通砖的检测报告见表 6-8。

表 6-8　普通砖检测报告

委托单位：　　　　　　　　　　　　　　　　　　　　　　　　　　　统一编号：

工程名称				委托日期		
使用部位				报告日期		
试样名称				强度等级		
生产厂家				代表批量		
规格尺寸/mm				检测类别		
样品状态						
抗压强度	强度平均值/MPa		强度标准值/MPa		强度标准差/MPa	变异系数
	标准要求	实测结果	标准要求	实测结果		
密度/(kg/m³)	标准要求		实测结果			
依据标准						
检测结论						
备注	见证单位： 见证人：　　　　　　　取样人：					

（续）

声明	1. 本检测报告无检验检测专用章和计量认证专用章无效；无检测、审核、批准签字无效。 2. 本检测报告结论不含无标准要求的实测结果，该数据仅供委托方参考。 3. 若有异议或需要说明之处，请于出具报告之日起十五日内书面提出，逾期不予受理。 4. 未经本检验检测机构书面批准，不得复制该报告。 5. 地址：　　　　　电话：　　　　　邮政编码：

检测单位：　　　　　　　　　批准：　　　　审核：　　　　检测：

6.4.2 蒸压加气混凝土砌块检测

1. 质量检测项目

抗压强度和干密度。

2. 检验批

按同品种、同规格和同等级的 1 万块为一批，不足 1 万块也作为一批。用随机取样法从外观质量和尺寸偏差检验合格的样品中抽取 3 组共 9 块进行抗压强度试验。

3. 取样规定

同品种、同规格和同等级的砌块，以 1 万块为一批，随机抽取 50 块砌块，进行尺寸偏差和外观检验。

4. 仪器设备

1）材料试验机，试验机的相对误差不大于 ±1%，其下加压板为球铰支座，预期最大破坏荷载在量程的 20%~80% 之间。

2）钢板直尺。

3）托盘天平。

4）电热鼓风干燥箱，0~200℃。

5）低温箱。

6）恒温水槽：水温（20±5）℃。

5. 实验操作

（1）试验的准备

1）随机抽取 50 块砌块，进行尺寸偏差和外观检验。

2）从外观和尺寸偏差检验合格的砌块中，随机抽取 6 块砌体制作试件。进行如下项目检验：干密度（3 组 9 块），强度级别（3 组 9 块）。

（2）试样制备

1）试样制备要采用机锯或刀锯，锯时不得把试样弄湿。

2）体积密度、抗压强度，要沿制品发气方向中心部分上、中、下顺序锯取一组。"上"块上表面距制品的顶面 30mm，"中"块在制品正中处，"下"块下表面离制品的底面 30mm。制品的高度不同，试样的间隔不同。

3）试样必须逐块编号，并且要标明锯取部位和发气方向。同时在锯取时要保持试样的外形，如为立方体试样必须是正立方体，表面必须平整，不应有裂缝或明显缺陷，尺寸允许偏差为 ±2mm；试样承压面的不平度是每 100mm 不超过 0.1mm，承压面与相邻面的不垂直度不能超过 ±10mm。

4）试件为 100mm×100mm×100mm 正立方体，共 6 组 18 块。

（3）干密度和含水率的测定

1）取试件一组 3 块，用钢板直尺量取长、宽和高三个方向的轴线尺寸，精确至 1mm，计算试件的体积；并用托盘天平称取试件质量 m，精确至 1g。

2）将试件放入电热鼓风干燥箱内，在（60 ±5）℃下保温 24h，然后在（80 ±5）℃下保温 24h，再在（105 ±5）℃下烘至恒质（m_0）。恒质指在烘干过程中间隔 4h，前后两次质量差不超过试件质量的 0.5%。利用含水率公式进行计算。

（4）抗压强度的测定

1）首先检查试样外观是否平整，然后测量每个试样的长和宽尺寸各两个，分别取其平均值，精确至 1mm，并计算出试样的受压面积 A_1。

2）打开总电源，启动微机，启动试验软件。根据试验可能达到的最大试验力，选择合适的档位，一般以最大力不超过被选量程的 80% 作为选择的原则。启动电源，启动油泵，预热 10min，待系统进入稳定状态。将试样平放在材料试验机的下压板的中心位置，试样的受压方向应垂直于制品发气方向。

3）开动试验机，当上压板与试件接近时，调整球铰支座，使接触均衡。以（2.0 ±0.5）kN/s 速度连续而均匀地加荷，直至试件破坏，记录破坏荷载。卸下已破坏的试样，直到所有试样试验完毕。

4）关掉油泵，关掉电源，关闭微机，关掉总电源，将仪器清理干净。

6. 试验结果评定

（1）尺寸偏差

每一方向尺寸以两个测量值的算术平均值表示，精确到 1mm。

（2）外观质量

外观质量以 mm 为单位，不足 1mm 的按 1mm 计。尺寸偏差和外观质量的技术要求见表6-9。

表 6-9   砌块尺寸偏差和外观质量的技术要求

项　　目			指　　标	
			优等品（A）	合格品（B）
尺寸允许偏差/mm	长	L	±3	±4
	宽	B	±1	±2
	高	H	±1	±2
缺棱掉角	最小尺寸不得大于/mm		0	30
	最大尺寸不得大于/mm		0	70
	大于以上尺寸的缺棱掉角个数，不得多于/个		0	2
裂纹长度	贯穿一棱二面的裂纹长度不得大于裂纹所在面的裂纹方向的尺寸总和的		0	1/3
	任一面上的裂纹长度不得大于裂纹方向尺寸		0	1/2
	大于以上尺寸的裂纹条数，不多于/条		0	2
爆裂、黏模和损坏深度不得大于/mm			10	30
平面弯曲			不允许	
表面疏松、层裂			不允许	
表面油污			不允许	

（3）抗压强度

1）每块试样的抗压强度 R_P 按下式计算，精确到 0.01MPa。

$$R_P = \frac{P}{LB}$$

式中　R_P——抗压强度（MPa）；

　　　P——最大破坏荷载（N）；

　　　L——受压面（连接面）的长度（mm）；

　　　B——受压面（连接面）的宽度（mm）。

2）试验结果以试样的算术平均值或单块最小值表示，精确到 0.1MPa。抗压强度应符合表 6-6 的规定。

同时砌块强度级别应符合表 6-10 的规定。

表 6-10　砌块强度级别

干密度级别		B03	B04	B05	B06	B07	B08
强度级别	优等品（A）	A1.0	A2.0	A3.5	A5.0	A7.5	A10.0
	合格品（B）			A2.5	A3.5	A5.0	A7.5

（4）干体积密度

1）每块试样的密度 ρ，精确至 0.1kg/m³；

$$\rho = \frac{G_0}{L \cdot B \cdot H} \times 10^9$$

式中　ρ——密度（kg/m³）；

　　　G_0——试样干质量（kg）；

　　　L——试样长度（mm）；

　　　B——试样宽度（mm）；

　　　H——试样高度（mm）。

2）试验结果以试样密度的算术平均值表示，精确至 0.1kg/m³。干体积密度的技术指标应符合表 6-7 的要求。

蒸压加气混凝土砌块检测报告见表 6-11。

表 6-11　蒸压加气混凝土砌块检测报告

委托单位：×× 　　　　　　　　　　　　　　　　　　　　　　　　　　统一编号：××

工程名称	×××				委托日期	2017.11.23
使用部位	二次结构				报告日期	2017.11.28
试样名称	蒸压加气混凝土砌块				强度等级	A3.5（B）
生产厂家	×××墙体材料厂				密度等级	B06（B）
规格尺寸/mm	600×250×200				代表批量	1 万块
样品状态	表面平整、无裂缝、发气方向标志清晰				检测类别	委托检测
抗压强度	强度平均值/MPa		单组最小值/MPa		强度标准差/MPa	变异系数
	标准要求	实测结果	标准要求	实测结果		
	≥3.5	4.1	≥2.8	3.8		
密度/（kg/m³）	标准要求	≤625		实测结果	615	

（续）

依据标准	《蒸压加气混凝土砌块》（GB 11968—2006）
检测结论	蒸汽加压混凝土砌块所检指标符合强度等级 A3.5（B）、密度等级 B06（B）级标准要求。
备注	见证单位：××× 见证人：×××　　　　　　　取样人：×××
声明	1. 本检测报告无检验检测专用章和计量认证专用章无效；无检测、审核、批准签字无效。 2. 本检测报告结论不含无标准要求的实测结果，该数据仅供委托方参考。 3. 若有异议或需要说明之处，请于出具报告之日起十五日内书面提出，逾期不予受理。 4. 未经本检验检测机构书面批准，不得复制该报告。 5. 地址：×××电话：×××邮政编码：×××

检测单位：×××建筑工程检测公司　　　批准：　　　　审核：　　　　检测：

本章练习题

1. 烧结普通砖的技术要求有哪些？
2. 烧结普通砖、空心砖、多孔砖各分几个强度等级？
3. 什么叫砌块？同砌墙砖相比，砌块有何优点？
4. 简述蒸压加气混凝土砌块的特点及应用。
5. 普通砖的质量检测项目有哪些？检验批如何规定？

第 **7** 章

建筑钢材

【技能目标】

1. 会按照国家标准要求进行钢材的检测。根据热轧钢筋的性能检测报告，会进行质量判断。

2. 能根据工程特点及要求，合理使用建筑钢材，尤其是钢筋的使用。

3. 能根据工程特点及要求，合理采取钢材防锈蚀和防火的技术措施。

【知识目标】

1. 掌握钢材的分类，掌握钢材的技术性能。

2. 掌握钢材、型钢、钢筋的牌号、特点与应用。

【情感目标】

1. 理解大国的钢材情怀。

2. 树立科学求实的态度。钢材的质量对建筑的质量影响重大，在钢材的检测过程中，本着实事求是的科学态度对待检测结果，绝对不允许弄虚作假，担负起建筑从业人员的责任。

7.1 钢材的分类

钢材是重要的战略物资，关系到一个国家工业、农业和国防等各方面的发展。钢材在建筑中的应用主要有两种形式：钢结构用钢，如各种型钢、钢板和钢管等，如图 7-1 和图 7-2 所示；钢筋混凝土工程用钢，如各种钢筋、钢丝和钢绞线等，如图 7-3 和图 7-4 所示。

图 7-1 钢结构

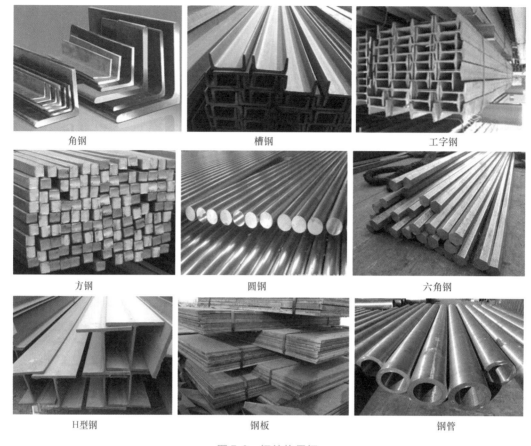

角钢	槽钢	工字钢
方钢	圆钢	六角钢
H型钢	钢板	钢管

图 7-2　钢结构用钢

图 7-3　钢筋混凝土结构

7.1.1　钢材的优缺点

钢材应用广泛，具有以下优点：

1）质量均匀，性能可靠，适合于铸造、锻造、切割、压力加工、冷加工或热处理；也可用铆接和焊接等多种连接方式进行装配式施工。

2）强度与硬度高，各向同性。抗拉、压、弯、剪与扭性能一致，适合于制作各种承载较大的构件和结构。

3）塑性与韧性好。常温下能承受较大的塑性变形，便于冷拉、冷拔和冷轧等各种冷加

盘圆钢筋 　　　　　　　　直条钢筋 　　　　　　　　带肋钢筋

光圆钢丝 　　　　　　　　刻痕钢丝 　　　　　　　　螺旋肋钢丝

钢绞线 　　　　　　　　钢锚具 　　　　　　　　成盘钢绞线

图 7-4　钢筋混凝土工程用钢

工；常温下可以承受较大的冲击作用，适合于制作吊车梁等承受动荷载的结构和构件。

4）易于装拆，施工速度快。

钢材也存在一定的缺点：

1）易锈蚀。因此，钢筋混凝土结构中混凝土要有足够的保护层厚度来保护钢筋，钢结构的表面要涂刷防锈漆。

2）维护费用高。

3）耐火性差。随着温度的升高，钢材的强度降低，变形增大。温度达到 600℃ 时就会失去承载能力，导致钢柱、钢梁弯曲，因变形过大而不能继续使用。

因此，钢材在保管和使用时要注意防锈蚀，防高温。

7.1.2　钢铁是怎样炼成的

铁矿石在炼铁高炉里冶炼成铁，铁在炼钢高炉里冶炼成钢。钢材与生铁的区别：

| 一般碳的质量分数在 2% 以上，含 S、P 等杂质多；强度低、韧性差、容易脆断；可加工性差、焊接性差 | 生铁 $\xrightarrow[\text{高温氧化再脱氧（加硅铁、锰铁）}]{\text{降碳除杂（S、P），生成矿渣漂浮}}$ 钢 | 碳的质量分数在 0.8% 以下；强度高、韧性好；可加工性好、可焊接 |

炼钢高炉如图 7-5 所示。随着碳的质量分数的提高，强度提高，塑性、韧性变差，易脆断。浇铸钢水如图 7-6 所示。

图 7-5 炼钢高炉

图 7-6 浇铸钢水

7.1.3 钢材的分类

根据脱氧程度，钢材可分为沸腾钢 F、镇静钢 Z（可不注）和半镇静钢 b，如图 7-7 所示。镇静钢因为脱氧彻底，在浇铸时平静和缓，形成的钢材致密均匀，很少有杂质和缺陷的聚集，强度高，耐蚀性、冲击韧性好。

图 7-7 沸腾钢 F、镇静钢 Z 和半镇静钢 b

按照化学成分，钢材分为两类：碳素钢和合金钢。碳素钢根据碳的质量分数高低，分为高碳钢、中碳钢和低碳钢。合金钢根据合金元素的质量分数分为高合金钢、中合金钢和低合金钢。中合金钢的合金元素的质量分数范围是 5%~10%。合金元素主要有硅 Si、锰 Mn、钛 Ti、钒 V、铬 Cr 和镍 Ni 等。

碳素钢按碳的质量分数的不同分为低碳钢（0.04%~0.25%）；中碳钢（0.25%~0.6%）和高碳钢（0.6%~2%）。

碳的质量分数低于 0.04% 属于工业纯铁（含碳少、很软），高于 2% 的属于生铁。

钢材按照有害杂质硫和磷的质量分数分为普通钢和优质钢，硫和磷的质量分数均在 0.035% 以下的钢称为优质钢。

7.2 钢材的主要性能

钢材从加工到使用所表现出来的性能包括：

1）使用性能：是指钢材在使用过程中所表现出来的性能，主要指力学性能。力学性能包括强度（拉、压、弯、剪）、弹性、塑性、硬度、韧性和疲劳强度等，本书主要介绍拉伸性能。

2）工艺性能：是指钢材在加工过程中所表现出来的性能，如冷弯性、焊接性和切削加工性等，本书主要介绍冷弯性能。

7.2.1 拉伸性能

1. 两类表现

通过试验机测试、分析，存在两类表现：

1）低碳钢（软钢）：硬度低，强度低，有屈服现象。

2）高碳钢和合金钢（硬钢）：硬度高，强度高，无屈服现象。

试件的形状：原样试件或标准试件，如图 7-8 和图 7-9 所示，标准试件中 5 倍试件（短试件）比 10 倍试件（长试件）更常用。

图 7-8　原样试件

图 7-9　5 倍标准试件

测试仪器是万能试验机（能测试拉、压、弯、剪各种力学性能），如图 7-10 所示。

2. 低碳钢拉伸四阶段（图 7-11）

1）弹性阶段为 o-b 段，力撤销后变形恢复，弹性阶段的最高点 a' 所对应的应力值称为弹性极限 σ_e。当应力稍低于 a 点时，应力与应变呈线性正比例关系，其斜率称为弹性模量，用 E 表示，$E = \sigma/\varepsilon$，即应力/应变。

2）屈服阶段（大变形）为 b-c 段，达到屈服点 R_e（屈服强度），进入塑性变形，并开始大变形，钢筋失效。

3）强化阶段为 c-d 段，出现最大值：抗拉强度 R_m。从屈服到断裂有强度储备，给生命财产保全的时间。

4）颈缩断裂阶段为 d-e 段，当应力达到抗拉强度 R_m 后，在试件薄弱处的断面将显著缩小，塑性变形急剧增加，产生"颈缩"现象并很快断裂，如图 7-12 所示。

图 7-10　万能试验机

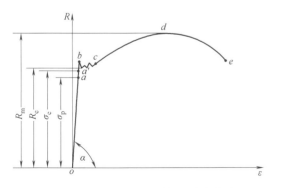

图 7-11　低碳钢拉伸的应力-应变曲线

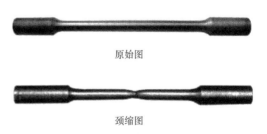

原始图

颈缩图

图 7-12　颈缩现象

3. 指标

强度指标：屈服强度 $R_e = F_{el}/S_o =$ 屈服荷载/原始受力面积，反映单位面积每 $1mm^2$ 上受多大的一个力就屈服，单位 MPa。

抗拉强度 $R_m = F_m/S_o =$ 极限荷载/原始受力面积，反映单位面积每 $1mm^2$ 上受多大的一个力就拉断，单位 MPa。

屈强比 $= R_e/R_m$，意义：反映利用率与可靠程度。数值小则利用率低但可靠程度大；大则利用率高但可靠程度差。一般钢材数值在 0.6 ~ 0.75 之间。

塑性指标：伸长率 $A = (L_U - L_0)/L_0 = ($ 断后拼合标距 − 原始标距$)/$原始标距、断面收缩率 $Z = (S_0 - S_U)/S_0 = ($ 原始面积 − 颈缩部位面积$)/$原始面积。

无明显屈服现象的中高碳钢、合金钢的设计依据是条件屈服强度（塑性变形达到原长的 0.2% 时的应力）也称规定塑性延伸强度，$R_{P0.2} \approx 0.85R_m$，如图 7-13 所示。

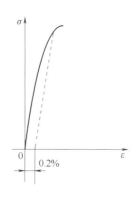

图 7-13　高碳钢合金钢拉伸曲线

7.2.2　冲击性能

冲击性能指钢材抵抗冲击荷载的能力，其值越大，表明钢材的冲击性能越好，如图 7-14 和图 7-15 所示。吊车钩、吊车梁等承受冲击荷载的构件，要采用冲击性能好的钢材。镇静钢、细晶粒的钢和优质钢的冲击性能好。冷加工的钢材，不得用于承受冲击荷载。

图 7-14　冲击试件

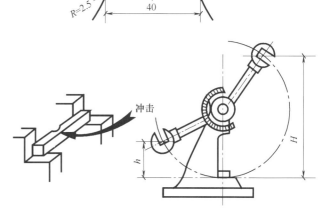

图 7-15　钢材的冲击试验

7.2.3　冷弯性能

冷弯性能是指钢材在常温下承受弯曲变形的能力，是建筑钢材的重要工艺性能。塑性好，冷弯性能必然好。采用万能试验机或弯曲试验机检验，如图 7-16 所示。

出现起皮或裂缝前能承受的弯曲程度愈大（弯心小、弯角大），钢材的弯曲性能越好，如图 7-17 所示。钢材的冷弯性能和伸长率都是塑性变形能力的反映，冷弯性能可以体现钢

图 7-16　弯曲试验机

材质量是否有杂质偏析或微裂纹等缺陷。

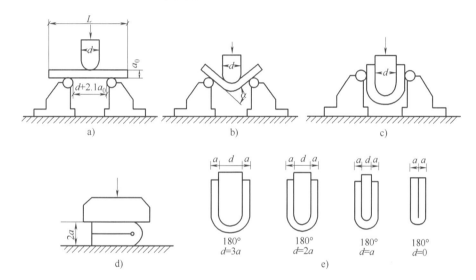

图 7-17　不同的弯曲程度

7.2.4　焊接性

钢材构件的焊接性与操作水平与钢材的成分和金相组织有关。焊件必须做试验，目的检验焊缝的强度和质量如何，有无变形或开裂现象。常用的焊接方式有电渣压力焊、点焊和闪光对焊等，如图 7-18 所示。

电渣压力焊　　　　　　　　　点焊　　　　　　　　　闪光对焊

图 7-18　常用的焊接方式

焊接件的拉伸若断于钢筋母材，抗拉强度不低于钢筋母材抗拉强度标准值，则焊接性能

建筑材料与检测

合格，如图 7-19 所示。一般焊接结构，应选用碳的质量分数较低的镇静钢；对于高碳钢和合金钢，为了改善焊接后的硬脆性，一般要焊前预热或焊后热处理。

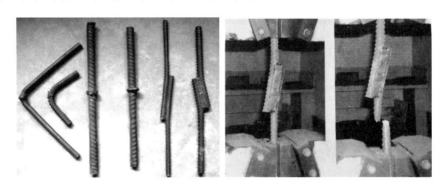

图 7-19　焊接件的检测

7.3　常用钢材

7.3.1　不同元素对钢的性质的影响

1）碳是重要元素，碳的质量越高，钢的强度和硬度越高，塑性和韧性越差。

2）硫和磷是有害元素，硫使钢具有热脆性；磷使钢具有冷脆性。对于钢材，是否优质主要看硫和磷的质量分数在 0.035% 以下的是优质钢。

3）硅和锰是有益元素，硅对钢的性能影响与碳类似，可提高弹性；锰可以消除硫害。

4）合金元素可以提高钢的综合性质，或在塑性韧性等不变的情况下提高强度和硬度。

7.3.2　常用的建筑用钢

常用建筑用钢包括普通碳素结构钢、低合金高强度结构钢和优质结构钢这 3 种。

钢的牌号（简称钢号）能代表钢材的性能，决定其应用。前两类根据屈服强度来划分牌号，后两类按成分来划分牌号。

1）普通碳素钢和低合金高强钢的牌号表示方法：屈服点字母 Q + 屈服点的数值 + 质量等级符号 + 脱氧程度组成。例如，Q235-BF 表示屈服强度为 235MPa，质量 B 级的沸腾钢。Q345-C 表示屈服强度为 345MPa，质量 C 级的低合金高强度镇静钢。

普通碳素结构钢：碳的质量分数一般 ≤0.25%：Q195、Q215、Q235 和 Q275 共 4 个牌号。牌号的增大是碳的质量分数引起的，牌号越大，强度和硬度越高，塑性和韧性越差。用于型钢，冷拔低碳钢丝和光圆一级钢筋。Q195 和 Q215 可制作冷拔低碳钢丝、钢钉、铆钉和螺栓。Q235 广泛应用于钢结构中的各类型钢和钢板，钢筋混凝土结构中热轧光圆钢筋以及管道、道钉和垫板等各种配件。Q275 可用于结构中的配件、制造螺栓和预应力锚具。

低合金高强度结构钢：Q355、Q390、Q420、Q460、Q500、Q550、Q620 和 Q690 共 8 个牌号。牌号的增大是加入合金元素引起的。在塑性和韧性保证的基础上，提高强度。屈服强度数值后带 N 的为正火状态或正火轧制状态，带 M 的为热轧状态或热轧回火状态。质量等级中增加杂质更少的 E 级。低合金高强结构钢综合性能好，成本与普通钢接近，是建筑工程中大量使用的主要钢种。热轧带肋钢筋都是低合金高强钢，用于高层建筑、大跨度屋架、网架和大跨度桥梁等承受较大荷载作用的结构。

2）优质钢和合金钢的牌号表示方法：数字代表碳的质量分数为万分之几。A 代表高级优质钢。

120

优质碳素结构钢有 28 个牌号，低碳钢包括：08、10、15、15Mn、20、20Mn、25、25Mn 等；中碳钢包括：30、30Mn、35、35Mn、40、40Mn、45、45Mn、50、50Mn、55、60、60Mn 及相应的含锰稍高的钢等；高碳钢包括：65、65Mn、70、70Mn、75、80、85 等。后面加 Mn 代表锰含量稍高。优质碳素结构钢应用于高强螺栓、优质型钢、预应力混凝土用钢丝、钢绞线和锚具。例如：45Mn 代表平均碳的质量分数在 0.45%，含锰稍高的优质钢。用于高强度、受强烈冲击荷载作用的部位。中碳钢用于制作高强螺栓和锚具。高碳钢用于制作钢轨、高强钢丝和钢绞线。

7.3.3 钢材的加工方式

钢材的加工方式有热加工和冷加工。

1）热加工主要有热轧和热处理等。热轧是在红热高温情况下用轧辊进行挤压，得到钢板或钢筋等成品，如图 7-20 所示。钢材的热处理是指正火、回火、淬火和退火等四种处理，在钢筋的生产中特指淬火加高温回火的调质处理，强度、塑性和韧性都较好，热处理钢筋具有良好的综合力学性能，用于预应力混凝土工程。

图 7-20 热轧

2）冷加工主要指常温下的冷拉、冷拔和冷轧扭等方式。冷拉设备如图 7-21 所示，冷拔设备如图 7-22 所示，冷拔用的拔丝模如图 7-23 所示。钢筋经冷加工后，出现屈服强度提高，硬度提高，塑性和韧性下降的现象，这就是冷加工硬化。如日常反复用手弯断钢丝。

图 7-21 冷拉设备　　　　　　　　　　　　图 7-22 冷拔设备

将经过冷拉的钢筋于常温下存放 15~20d，或加热到 100~200℃ 并保持一段时间，这个过程称为时效处理。前者为自然时效，后者为人工时效。时效处理是指时间所引起的效果，放置后变强、变硬和变脆。冷加工硬化只提高屈服强度，时效处理能提高抗拉强度，如图 7-24 所示。

图 7-23　拔丝模

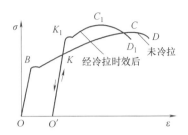

图 7-24　冷加工硬化和时效

7.4　型钢与钢板

钢结构构件一般采用各种型钢和钢板，所用的母材一般是碳素结构钢和低合金高强钢。

7.4.1　热轧型钢

热轧型钢有方钢、圆钢、六角钢、扁钢、角钢、槽钢、工字钢、T 型钢、Y 型钢、C 型钢、H 型钢、Z 型钢、帽型钢、钢轨和钢板桩等。型钢的截面形式合理，受力有利，构件间连接方便，是钢结构中采用的主要钢材。

型钢的标记方式一般由一组符号组成，包括型钢的名称和横截面尺寸等内容。例如：方钢以边长表示；圆钢以直径表示，如 φ20 表示直径 20mm 的圆钢；扁钢以厚度×宽度表示；角钢有等肢和不等肢两类，以边宽×边宽×边厚表示，或者以号数表示；槽钢、工字钢以高度×腿宽×腰厚表示，也可用号数表示，号数表示高度的厘米数，如〔320×88×8.0 代表高度 320mm，腿宽 88mm，腰厚 8mm 的槽钢；10#工字钢代表高度为 100mm 的工字钢。高度相同的槽钢、工字钢有几种不同的腿宽和腰厚时，用 a、b、c 来区分，如 32a#、32b#和 32c#。H 型钢应用最为广泛，以高度×腿宽×腰厚×腿厚表示，如 H100×100×6×8，表示高度 100mm、翼缘宽度 100mm、腹板厚 6mm、翼缘厚 8mm 的 H 型钢，如图 7-25 所示。

H——高度
B——宽度
t_1——腹板厚度
t_2——翼缘厚度
r——圆角半径

型号 （高度×宽度） /mm	截面尺寸/mm					截面 面积 /cm²	理论重 量/kg· m⁻¹	惯性矩/cm⁴		惯性半径/cm		截面系数/cm³	
	H	B	t_1	t_2	r			I_X	I_Y	i_X	i_Y	W_X	W_Y
100×100	100	100	6	8	8	21.59	16.9	386	134	4.23	2.49	77.1	26.7
125×125	125	125	6.5	9	8	30.00	23.6	843	293	5.30	3.13	135	46.9

图 7-25　H 型钢编号

7.4.2　钢板与压型钢板

用光面轧辊轧制而成的扁平钢材，平板状态供货的称为钢板，卷状供货的称为钢带，如图 7-26 和图 7-27 所示。

厚板

薄板

图 7-26　热轧钢板

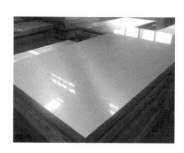
图 7-27　冷轧薄钢板

薄钢板经冷压或冷轧成波形、双曲形或 V 形等形状,称为压型钢板。彩色钢板(有机涂层钢板)、镀锌薄钢板和防腐薄钢板都可以用来制作压型钢板,如图 7-28 所示。

本色

彩色

图 7-28　压型钢板

7.4.3　冷弯薄壁型钢

用 2~6mm 薄钢板冷弯或模压而成的,有角钢、槽钢和等开口薄壁型钢以及方形和矩形等空心薄壁型钢,表示方法与热轧型钢相同,如图 7-29 所示。

图 7-29　冷弯薄壁型钢

7.5　钢筋、钢丝和钢绞线

7.5.1　钢筋

按工艺分:热轧钢筋、冷轧钢筋、冷轧扭钢筋、冷拉钢筋、热处理钢筋和余热处理钢筋。

按外形分:光圆钢筋 P (Plain),如 HPB300,如图 7-30 所示;带肋钢筋 R (Ribbed),增加了与混凝土间的咬合力和黏结力,不易拔出,如图 7-31 所示。

图 7-30 热轧光圆钢筋

图 7-31 热轧带肋钢筋

按化学成分分：碳素结构钢钢筋和低合金高强度结构钢钢筋。

按供货方式分：圆盘条钢筋，100m 左右盘成，一般为直径较细的钢筋，供货一般按重量；直条钢筋，9m 或 12m 不等。

1. 热轧钢筋

热轧钢筋是在红热高温状态下压制成型的钢筋，是目前最常用的品种。

1）带肋钢筋分为人字肋和螺旋肋，如图 7-32 所示，目前常用的是月牙人字肋的钢筋。

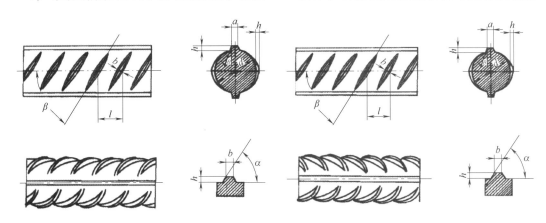

图 7-32 螺旋肋与人字肋钢筋

2）钢筋牌号是按力学性能和弯曲性能划分的。其尺寸偏差、质量偏差、力学性能、冷弯性能和焊接性能等必须符合《钢筋混凝土用钢 第 1 部分：热轧光圆钢筋》（GB 1499.1—2008）和《钢筋混凝土用钢 第 2 部分：热轧带肋钢筋》（GB 1499.2—2007）的质量规定，共分为 4 级，见表 7-1 和表 7-2。

表 7-1　热轧光圆钢筋的力学性能及冷弯性能

钢筋符号	钢筋牌号	力学性能			冷弯性能 180°
		屈服强度 R_e /MPa	抗拉强度 R_m /MPa	伸长率 A（%）	d——弯心直径 a——钢筋公称直径
Φ	HPB300	≥300	≥420	≥25	$d = a$

表 7-2　热轧带肋钢筋的力学性能及冷弯性能

钢筋符号	钢筋牌号	力学性能			冷弯性能 180°	
		屈服强度 R_e/MPa	抗拉强度 R_m/MPa	伸长率 A（%）	公称直径 d/mm	弯心直径
Φ	HRB335	≥335	≥455	≥17	6~25	3d
Φ^F	HRBF335（F 细晶粒）				28~40	4d
					>40~50	5d
Φ	HRB400	≥400	≥540	≥16	6~25	3d
Φ^F	HRBF400				28~40	4d
					>40~50	5d
Φ	HRB500	≥500	≥630	≥15	6~25	3d
Φ^F	HRBF500				28~40	4d
					>40~50	5d

　　牌号中 H 代表热轧、P 代表光圆、R 代表带肋、B 是钢筋，数字代表屈服点（或条件屈服点）的数值。RRB400—余热处理月牙肋钢筋，是热轧后穿水淬火，利用钢筋芯部余热进行处理制得。

　　应用：结构构件内的钢筋骨架；受力钢筋，一般为 HRB335 级、HRB400 级钢筋；架立筋和箍筋，一般为 HPB300 级、HRB335 级钢筋；板内受力筋和分布筋，可为各级钢筋，HRB500 级可用于预应力筋。HRB335 级钢筋上标识 3，E 代表抗震，后面的数字是直径，如图 7-33 所示，HRB400 级钢筋上标识 4，E 代表抗震，后面的数字是直径，如图 7-34 所示。

图 7-33　HRB335 级钢筋

2. 冷轧带肋钢筋

　　冷轧带肋钢筋是热轧钢筋在常温下挤压压痕成的无纵肋钢筋。牌号 CRB550~1170，数字代表抗拉强度值，如图 7-35 所示。与光圆钢筋相比，有两面或三面横肋，与混凝土的黏结力好，强度提高。在预应力结构中代替冷拔钢丝，钢筋混凝土板中替代 HPB300 级钢筋，

图 7-34　HRB400 级钢筋

可以节约钢材，降低造价，应用前景广阔。但是有振动、冲击荷载下不可采用。CRB550 宜用于钢筋混凝土结构，其他可用于预应力混凝土结构，－30℃环境中不宜使用。

图 7-35　冷轧带肋钢筋

3. 冷轧扭钢筋

冷轧扭钢筋是热轧 HPB300 级钢筋冷轧扁再扭转得到的螺旋状直条钢筋。主要用于钢筋混凝土板。节约钢材，节省资金，如图 7-36 所示。

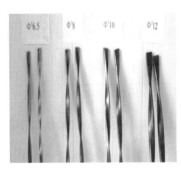

图 7-36　冷轧扭钢筋

4. 冷拉钢筋

冷拉钢筋是用热轧钢筋经强力拉伸（拉应力超过屈服点）制成，使之拉细、拉长、拉强、拉直且拉掉锈皮。冷加工使钢筋强度提高，例如原来需要直径 20mm 的钢筋，现在只需要直径 16mm 即可，省钢材。冷加工钢材在有振动、冲击荷载下不可采用。

7.5.2　预应力混凝土用钢丝和钢绞线

预应力混凝土是预先给受拉区混凝土施加一个压应力。可以延迟开裂，提高承载力。

1. 钢丝

根据《预应力混凝土用钢丝》（GB/T 5223—2014）的规定，预应力混凝土用钢丝按加工状态分为冷拉钢丝（代号为 WCD）和消除应力钢丝两类。消除应力钢丝按松弛性能又分为低松弛级钢丝（代号为 WLR）和普通松弛级钢丝（代号为 WNR）。

冷拉钢丝是用盘条通过拔丝模或轧辊经冷加工而成产品，以盘卷供货的钢丝。低松弛钢丝是指钢丝在塑性变形下（轴应变）进行短时热处理而得到的，效果好；普通松弛钢丝是指钢丝通过矫直工序后在适当温度下进行短时热处理而得到的。

按外形分为光圆钢丝（代号为 P）、螺旋肋钢丝（代号为 H）和刻痕钢丝（代号为 I）三种。螺旋肋钢丝表面沿着长度方向上有规则间隔的肋条。刻痕钢丝表面沿着长度方向上有规则间隔的压痕，如图 7-37 所示。

光圆钢丝 P　　　螺旋肋钢丝 H　　　刻痕钢丝 I

图 7-37　预应力混凝土用钢丝

2. 钢绞线

预应力混凝土用钢绞线是以数根圆形断面钢丝经绞捻和消除内应力的热处理后制成。

根据《预应力混凝土用钢绞线》（GB/T 5224—2014）的规定，钢绞线按捻制结构分为三种结构类型：1×2、1×3 和 1×7，是分别用 2 根、3 根和 7 根钢丝捻制而成，如图 7-38 所示。

钢绞线　　　无粘结预应力钢绞线

钢绞线和锚具　　　构件上的锚具和成束钢绞线　　　箱梁上应用钢绞线

图 7-38　钢绞线的种类和应用

钢绞线按其应力松弛性能分为两级：Ⅰ级松弛和Ⅱ级松弛，Ⅰ级松弛即普通松弛级，Ⅱ级松弛即低松弛级。

钢绞线具有强度高，与混凝土黏结好，断面面积大，使用根数少，在结构中排列布置方便，易于锚固等优点，主要用于大跨度和大荷载的预应力屋架和薄腹梁等构件。

7.6　钢材的检测

7.6.1　钢筋的验收

1. 热轧钢筋质量检测项目

1）拉伸性能检测：屈服强度、抗拉强度和伸长率。

2）冷弯性能检测：弯曲角度。

2. 检验批

钢筋进场后，应按批进行检验。应由同一牌号、外形、规格、生产工艺和交货状态的组成检验批。

热轧钢筋、钢丝和钢绞线，每批不大于 60t，不足 60t 按一批计。

3. 取样

每批钢筋中任意抽取两根钢筋，并于每根钢筋距离端部截去 500mm 后开始各取一组试样，共四根，两根用于做拉伸性能检测，另外两根用于冷弯性能检测。拉伸试样截取长度：$d \leqslant 10mm$ 的，$L \geqslant 10d + 200mm$；$d > 10mm$ 的，$L \geqslant 5d + 200mm$。冷弯试样截取长度：$L \geqslant 5d + 150mm$，如图 7-39 所示。

图 7-39　钢筋试样

4. 拉伸性能检测

（1）主要仪器设备

万能试验机、钢筋划线仪和游标卡尺（精度 0.1mm）。

（2）检测步骤

1）用游标卡尺在标距两端及中间三个相互垂直的方向测量钢筋直径，计算横截面积。

2）用钢筋划线仪在试件表面划出一系列等分点，5 倍直径或 10 倍直径，并量出原始标距 L_0。

3）试件固定在万能试验机夹头内，开动试验机缓慢加荷，进行拉伸检测。

结果计算：

① 强度指标

$$屈服强度\ R_e = F_{eL}/S_o = 屈服荷载/原始受力面积，单位\ MPa$$

$$抗拉强度\ R_m = F_m/S_o = 极限荷载/原始受力面积，单位\ MPa$$

② 塑性指标

$$断后伸长率\ A = (L_U - L_0)/L_0 = (断后拼合标距 - 原始标距)/原始标距$$

$$断面收缩率\ Z = (S_0 - S_U)/S_0 = (原始面积 - 颈缩部位面积)/原始面积$$

5. 冷弯性能检测

（1）主要仪器设备

万能试验机或弯曲试验机和游标卡尺（分度值为 0.1mm）。

（2）检测步骤

1）用游标卡尺测量钢筋直径。

2）按要求选择适当的弯心直径 D，并调整两支撑辊间的距离，净距 $= (D + 3a) \pm 0.5a$

式中，a 表示受弯试件的直径和厚度（带轧钢筋冷弯弯心直径应为钢筋直径的 4 倍）。

3）将试件放在支撑辊上，开动试验机均匀加荷，直至弯曲到规定的角度。然后卸荷，取下试样，检查其弯曲外表面。若无裂纹、起皮、裂缝或断裂，则评定试样合格。

6. 质量判定及处理

对于热轧钢筋，若有一个或一个以上项目不符合标准要求，则应从同一批中再任取双倍数量的试样进行该不合格项目的复验。复验时仍有一个指标不合格则该批钢材为不合格品。

最终，钢筋检测报告见表 7-3，钢筋焊接接头检测报告见表 7-4。

表 7-3 钢筋检测报告

委托单位：×× 　　　　　　　　　　　　　　　　　　　　　统一编号：××

工程名称	×××	委托日期	2018.01.22
使用部位	×××主体结构	报告日期	2018.01.22
试样名称	热轧带肋钢筋 HRB400E	炉（批）号	X218010005025
公称直径/mm	25	代表批量/t	30.03
生产厂家	×××钢铁有限公司	检测类别	委托检测
样品状态	外观无锈蚀	调直状态	未调直

拉伸性能

屈服强度 R_e/MPa		抗拉强度 R_m/MPa		断后伸长率 A（%）		强屈比		超屈比		最大力总伸长率 A（%）	
标准要求	实测结果	标准要求	实测结果	标准要求	实测结果	标准要求	实测结果	标准要求	实测结果	标准要求	实测结果
≥400	430	≥540	595	≥16	28	≥1.25	1.38	≤1.30	1.08	≥9	15.9
	430		595		28		1.38		1.08		15.9
	—		—		—		—		—		—

弯曲性能				重量偏差（%）		
标准要求	检测结果			标准要求	检测结果	
冷弯后受弯部位表面不得产生裂纹	无裂纹	无裂纹	—	±4	-3	—

（续）

依据标准	《钢筋混凝土用钢　第 2 部分：热轧带肋钢筋》（GB 1499.2—2007）		
检测结论			
备注	见证单位：××		
	见证人：××	取样人：××	
声明	1. 本检测报告无检验检测专用章和计量认证专用章无效；无检测、审核、批准签字无效。 2. 本检测报告结论不含无标准要求的实测结果，该数据仅供委托方参考。 3. 若有异议或需要说明之处，请于出具报告之日起十五日内书面提出，逾期不予受理。 4. 未经本检验检测机构书面批准，不得复制该报告。 5. 地址：×××　电话：×××　邮政编码：×××		

检测单位：×××建筑工程检测公司　　批准：　　　　审核：　　　　检测：

表 7-4　钢筋焊接接头检测报告

委托单位：××　　　　　　　　　　　　　　　　　　　　　　　　　统一编号：××

工程名称	××	委托日期	2018.01.07
使用部位	B13-B17 现浇梁防撞护栏	报告日期	2018.01.07
钢筋类别	热轧带肋钢筋 HRB400E	原材编号	171243261
接头类型	单面搭接焊	焊接人	××
公称直径/mm	16	代表批量/个	300
样品状态	外观不锈蚀，无肉眼可见裂纹	检测类别	委托检测

抗拉强度 R_m/MPa		断口特征 及位置	试验条件		实测结果
标准要求	实测结果		弯芯直径/mm	弯曲角度/(°)	
≥540	615	延性断裂 钢筋母材	—	—	—
≥540	655	延性断裂 钢筋母材			
≥540	615	延性断裂· 钢筋母材			
以下空白					

依据标准	《钢筋焊接及验收规程》（JGJ 18—2012）		
检测结论	该送检样品经检验，所检指标符合标准要求。		
备注	见证单位：××		
	见证人：××	取样人：××	
声明	1. 本检测报告无检验检测专用章和计量认证专用章无效；无检测、审核、批准签字无效。 2. 本检测报告结论不含无标准要求的实测结果，该数据仅供委托方参考。 3. 若有异议或需要说明之处，请于出具报告之日起十五日内书面提出，逾期不予受理。 4. 未经本检验检测机构书面批准，不得复制该报告。 5. 地址：×××　电话：×××　邮政编码：×××		

检测单位：×××建筑工程检测公司　　批准：　　　　审核：　　　　检测：

7.6.2 钢材的验收与判定

钢筋、钢丝和钢绞线进场后，应按批进行检验。应由同一牌号、外形、规格、生产工艺和交货状态的组成检验批。

1. 检验批

1）冷轧带肋钢筋、热轧钢筋、钢丝和钢绞线，每批不大于 60t，不足 60t 按一批计。

2）冷轧扭钢筋每批不大于 10t，不足 10t 按照一批计。

2. 取样

1）冷轧带肋钢筋和热轧钢筋每批抽取 5%（不少于 5 盘或捆），随机取样。

2）冷轧扭钢筋每批随机取样，长度取偶数倍节距，且不小于 4 倍节距，同时不小于 500mm。

3）钢丝和钢绞线的直径检查和力学检验应抽取 10%，且不得少于 6 盘。每盘两端取样。强度检验，按 2% 盘选取，且不得少于 3 盘。

3. 质量判定及处理

对于热轧钢筋、圆盘条、型钢和冷拉钢筋，若有一个或一个以上项目不符合标准要求，则应从同一批中再任取双倍数量的试样进行该不合格项目的复验。复验时仍有一个指标不合格则该批钢材为不合格品。

对于乙级冷拔丝，若有一个项目（拉伸或冷弯）不符合标准要求，则该盘为不合格品。再从同一批未检盘中再任取双倍数量的试样进行该不合格项目的复验。复验时仍有一个指标不合格则该批钢材为不合格品。

对于甲级冷拔丝和冷轧带肋钢筋，若有一个项目（拉伸或冷弯）不符合标准要求，则该盘为不合格品。

对于冷轧扭钢筋，若有一个项目（拉伸或冷弯）不符合标准要求，则应从同一批中再任取双倍数量的试样进行该不合格项目的复验。当轧扁厚度和节距复验时小于或大于标准要求，仍可评为合格，但需降直径规格使用。

7.6.3 锈蚀和防火

钢材与周围环境发生化学、电化学和物理等作用极易发生锈蚀，可以采用以下防锈蚀措施：

1）合金法。加入合金元素铬、钛、钼或镍等形成不锈钢，或者加入铜，制成含铜钢材。

2）金属覆盖。电镀或喷镀锌、锡、铬或镍等，适于小尺寸构件。

3）油漆覆盖。需要常翻修，如图 7-40 所示。

4）混凝土保护。限制氯离子含量，确保足够的保护层厚度、钢筋采用环氧树脂涂层或镀锌，如图 7-41 所示。

图 7-40 喷防锈漆

图 7-41 环氧树脂涂层钢筋

钢材虽是不燃性材料，但是遇火强度显著下降，温度达到 600℃ 时，钢材变形失去承载能力。要采取防火处理：

1）防火涂料包覆。有 2~7mm 厚的膨胀型和 8~50mm 厚的非膨胀型两种，如图 7-42 和图 7-43 所示。

图 7-42　薄型防火漆

2）不燃性板材包覆，如石膏板、硅酸钙板、蛭石板、珍珠岩板、岩棉板和矿棉板等，用胶黏剂、钢钉或钢箍固定在钢构件上，如图 7-44 所示。

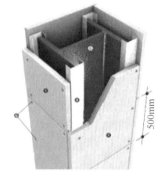

图 7-43　厚型防火漆　　　　　　　图 7-44　板材包覆

本章练习题

1. 简述低碳钢拉伸的 4 个阶段，强度指标和塑性指标有哪些。

2. 钢材试件直径 10mm，标距 50mm，屈服荷载为 21kN，钢筋的极限荷载为 38kN，拉断后拼合标距 68mm，颈缩部位直径 6.4mm，计算屈服强度、抗拉强度、伸长率 A_5、断面收缩率 Z。

3. 简述不同品种钢材的表示方法，解释 Q235BF、Q345C、45Mn 和 20CrNi$_3$ 的含义。

4. 热轧钢筋如何划分牌号？

第 **8** 章

防水材料

【技能目标】

1. 会按照国家标准要求进行防水材料的检测。
2. 能够对各项技术指标进行检测。
3. 能够正确填写检测报告。
4. 根据防水卷材性能检测报告，会进行质量判断。
5. 能根据工程特点及要求，合理选用防水材料。

【知识目标】

掌握防水卷材的分类，掌握各种防水材料的技术性能和应用。

【情感目标】

在防水卷材的检测过程中，本着实事求是的科学态度对待检测结果，绝对不允许弄虚作假，担负起建筑从业人员的责任。

防水材料是用来防水、防渗、防漏、防潮和防侵蚀的一种工程材料，广泛应用于建筑、水利、道路和桥梁等工程中。防水材料主要特点：本身致密孔隙率小、具有很强憎水性与抗渗性，能够起到密封和防水作用。

防水材料按照外观形态一般分为沥青、防水卷材、防水涂料和密封材料，如图8-1所示。

|沥青|防水卷材|防水涂料|密封材料|

图8-1　防水材料

防水材料的选用应考虑气候、温度、建筑使用部位以及工程防水等级等方面的要求。

8.1　沥青

沥青是一种有机胶凝材料，是各种碳氢化合物及其衍生物组成的复杂混合物。沥青具有良好的黏结性、塑性、不透水性及耐化学侵蚀性，并能抵抗大气的风化作用。

8.1.1 沥青的分类及用途

按状态分为固体沥青、半固体沥青（黏稠的、接近于固体）和液体沥青，如图 8-2 所示。

固体沥青　　　　　　　　半固体沥青　　　　　　　　液体沥青

图 8-2　沥青

按沥青的来源分为石油沥青、煤沥青和天然沥青。

沥青常用于屋面和地下室防水、车间耐腐蚀地面及道路路面等。此外，还可用来制造防水卷材、防水涂料、油膏、胶结剂及防腐涂料等。在建筑工程上常用石油沥青。

8.1.2 石油沥青

石油沥青为石油产品，来源于原油蒸馏，将原油经过常压蒸馏，分出汽油、煤油、柴油等轻质馏分，再处理经减压蒸馏分出的残余物制得。

1. 分类

按用途分为：

1）建筑石油沥青，牌号小，耐热。

2）道路石油沥青，牌号大，不耐热。

2. 组分

将化学成分及物理性质相似又有相同特征的一组成分归为一组，称为组分。

石油沥青三大组分：油分、树脂和地沥青质。表 8-1 所示为各组分性状。在温度、阳光、空气及水等作用下，各组分之间会不断演变，油分和树脂逐渐减少，地沥青质逐渐增多，流动性和塑性降低，沥青变脆变硬，这一过程称为"老化"。

表 8-1　石油沥青各组分性状

组　分	外 观 特 征	特　　征
油分	淡黄透明液体	几乎可溶于大部分有机溶剂，具有光学活性，赋予沥青流动性，含量较多时，温度稳定性差
树脂	红褐色黏稠半固体	温度敏感性高，溶点低于100℃，赋予沥青塑性和黏结性
地沥青质	深褐色固体末状微粒	加热不熔化，分解为硬焦炭，使沥青呈黑色。赋予沥青黏性和温度稳定性，含量高时，温度敏感性好，但塑性降低，脆性增加

3. 技术性质

石油沥青主要技术性质包括黏滞性、塑性和温度稳定性等，它们是评价沥青质量好与坏的主要依据。

（1）黏滞性

黏滞性是指在外力作用下抵抗发生变形的性能。

液态沥青的黏滞性用黏滞度表示；半固体或固体沥青的黏滞性用针入度表示。

1）黏滞度是液态沥青在一定温度下，经规定直径的孔洞漏下 50mL 所需要的时间（s）。

2）针入度是指在温度为 25℃ 的条件下，以质量 100g 的标准针，经 5s 沉入沥青中的深度，每沉入 0.1mm 称为 1 个针入度，如图 8-3 所示针入度测定示意图。

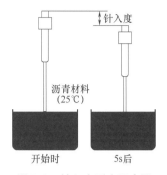

图 8-3　针入度测定示意图

沥青的牌号划分主要是依据针入度的大小确定的。针入度越大，沥青的流动性越大，黏性越差，牌号越大。如图 8-4 所示不同牌号沥青，从左至右牌号依次为 10、50 和 90。

图 8-4　不同牌号沥青

3）影响黏滞性的因素：①与组分的比例有关系——油分越多，黏滞性越差，树脂和地沥青质越多，黏滞性越大；②与温度有关——温度升高，沥青变软，变稀，黏滞性下降。

（2）塑性

塑性是指沥青在外力作用下，产生变形而不被破坏，除去外力后仍能保持变形后的形状而不被破坏的能力。沥青夏季易黏流，冬季容易开裂，具有自愈合能力。沥青能做成柔性防水卷材是由其塑性决定的。

塑性的指标是延度，是在一定的试验条件下沥青被拉伸的最大长度。如图 8-5 所示延度测定示意图。延度越大，塑性越好。塑性的大小与组分和所处温度有关。沥青质含量相同时，油分和树脂含量愈多，沥青塑性愈大。牌号一定时，质量越好，拉成细丝越长，塑性越好。沥青的塑性随温度升高而增大。

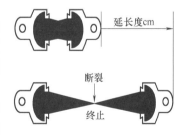

图 8-5　延度测定示意图

（3）温度稳定性

温度稳定性是指石油沥青的黏滞性和塑性随温度升降而变化的性能。随温度的升高，沥青的黏滞性降低，塑性增加，这样变化的程度越大，则表示沥青的温度稳定性越差。常用环球法测定软化点，软化点是指沥青试件因受热软化而下垂 25mm 时的温度，用℃表示，软化

点测定如图 8-6 所示。如要求有较高的软化点,应避免夏季出现流淌的现象;如低的软化点,则应避免冬季出现脆裂现象。

（4）闪点和燃点

闪点是指沥青达到软化点后再继续加热,初次产生蓝色闪光时的沥青温度。

燃点又称着火点。与火接触而产生的火焰能持续燃烧 5s 以上时的温度即为燃点。各种沥青的最高加热温度都必须低于其闪点和燃点。石油沥青的质量指标见表 8-2 。

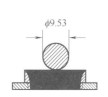
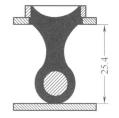

图 8-6　软化点测定

表 8-2　石油沥青的质量指标

项　目	道路石油沥青 （NB/SH/T 0522—2010）					建筑石油沥青 （GB/T 494—2010）		
牌号	200	180	140	100	60	40	30	10
针入度 （25℃, 100g, 5s）/（1/10mm）	200～300	150～200	110～150	80～110	50～80	36～50	26～35	10～25
延度 （25℃）/cm （不小于）	—	100	100	90	70	3.5	2.5	1.5
软化点/℃ （不低于）	30～45	35～45	38～48	42～52	45～55	60	75	95
闪点 （开口）/℃ （不低于）	180	200	230	260				

4. 应用

石油沥青的牌号由针入度指标进行划分。石油沥青的牌号越大,黏性越小（针入度越大）,塑性越大（延度越大）,温度稳定性越低（软化点越低）。

（1）石油沥青的用途

1）道路石油沥青主要用来拌制各种沥青混凝土或沥青砂浆,用来修筑路面和各种防渗与防护工程。

2）建筑石油沥青用于屋面和各类防水工程,并且还可以制造防水卷材,配置沥青涂料。如图 8-7 所示为沥青路面和卷材防水屋面。

图 8-7　沥青路面和卷材防水屋面

3）高温及日晒地区为防止沥青受热软化,应选用牌号较低的沥青。

4）不受大气影响的部位（如地下防水工程）可以选用牌号较高的沥青。

5）寒冷地区,考虑冬季低温沥青易脆裂以及受热软化,宜选中等牌号的沥青。

（2）改性沥青

为了使石油沥青性能得到改良,使其适应更多环境的使用要求,在石油沥青中加入改性剂，制得改性沥青。改性沥青是在沥青中掺加橡胶、树脂、高分子聚合物、磨细的橡胶粉或其他填料等外掺剂（改性剂），或采取对沥青轻度氧化加工等措施，使沥青或沥青混合料的性能得以改善制成的沥青结合料。

1）橡胶改性沥青——常用的热塑性丁苯橡胶 SBS 改性沥青兼有橡胶和塑料的特性，常温下具有橡胶的弹性，在高温下又能和塑料一样熔融流动，成为可塑的材料。所以采用 SBS 橡胶改性沥青，其耐高、低温性能均有较明显提高。

2）树脂改性沥青——常用的无规聚丙烯（APP）。在沥青中掺入适量树脂后可使沥青有较好的耐高低温性、黏结性和不透水性。

由于改性沥青克服了石油沥青的弱点，在防水卷材和沥青路面上得到广泛应用。

8.2 防水卷材

防水卷材有石油沥青防水卷材、改性沥青防水卷材和合成高分子防水卷材共三类。这些防水材料的分类都是根据基胎的材料、沥青的材料以及隔离材料的种类来进行的。具体采用何种防水卷材要根据建筑的防水等级要求。防水卷材的分类和品种见表8-3。

表8-3 防水卷材的分类及品种

分 类 方 法	品 种 名 称
按生产工艺分	浸渍卷材（有胎）、辊压卷材（无胎）
按浸渍材料品种分	石油沥青卷材、改性沥青卷材、合成高分子卷材
按使用基胎分	纸胎、布胎、玻布胎、玻纤胎、聚酯胎
按面层隔离剂分	粉毡、片毡、粒、膜（塑料、铝箔）

卷材的屋面施工方法有三种，如图8-8所示为不同的施工方法。

胶粘法

热粘法

自粘法

图8-8 防水卷材施工

1）采用胶粘剂——与基材相适应的胶，如传统"三毡四油"中的"油"有以下3种：

① 热玛蹄脂——沥青中加入滑石粉等制成，热施工。

② 溶剂型——沥青溶入有机溶剂，冷施工，成本高。

③ 水乳型——加表面活性剂强力搅拌成乳浊液，类似牛奶。

2）热粘法——底面均匀受热，再辊压。

3）自粘法——既不用任何胶粘剂也不用热粘，类似双面胶。

高聚物改性沥青防水卷材是指以合成高分子聚合物改性沥青为涂盖层，纤维织物或纤维毡为胎体，粉状、粒状、片状或薄膜材料为防黏隔离层制成的可卷曲的片状防水材料。

高聚物改性沥青防水卷材克服了沥青防水卷材的温度稳定性差及延伸率小，难以适应基层开裂及伸缩的缺点，具有高温不流淌，低温不脆裂，拉伸强度较高，延伸率较大等优异性能。

1. 弹性体（SBS）改性沥青防水卷材

弹性体改性沥青防水卷材（SBS）是以玻纤毡或聚酯毡为胎基，以苯乙烯-丁二烯-苯乙烯（SBS）热塑性弹性体作改性剂，两面覆以隔离材料所制成的建筑防水卷材，简称SBS卷材，如图8-9所示。

SBS卷材按胎基分为聚酯毡（PY）、玻纤毡（G）和玻纤增强聚酯毡（PYG）。按上表面隔离材料分为聚乙烯膜（PE）、细砂（S）与矿物粒（片）料（M）三种。按物理力学性能分为Ⅰ型和Ⅱ型。SBS卷材宽1000mm。聚酯胎卷材厚度为3mm和4mm；玻纤胎卷材厚度为2mm、3mm和4mm。每卷面积为15m²、10m²、7.5m²三种。依据《弹性体

图8-9 SBS防水卷材

改性沥青防水卷材》（GB 18242—2008），SBS弹性体沥青防水卷材物理力学性能符合表8-4的规定。

表8-4 SBS弹性体沥青防水卷材物理力学性能

序号	胎基		Ⅰ		Ⅱ		
	型号		PY	G	PY	G	PYG
1	可溶物含量 /(g/m²)，≥	3mm	2100				—
		4mm	2900				—
		5mm	3500				
2	不透水性	压力/MPa，≥	0.3	0.2	0.3		
		保持时间/min，≥	30				
3	耐热度/℃		90		105		
			无流淌、滴落				
4	拉力/（N/50mm），≥		500	350	800	500	900
5	最大拉力时延伸率（%），≥		30	—	40	—	
6	低温柔度/℃		−20		−25		
			无裂纹				
7	人工气候加速老化	外观	无滑动、流淌、滴落				
		拉力保持率（%），≥	80				
		低温柔度/℃	−15		−20		
			无裂纹				

SBS卷材适用于工业与民用建筑的屋面及地下防水工程，尤其适用于较低气温环境的建筑防水。SBS卷材的物理力学性能应符合表8-4的规定。SBS改性沥青卷材以聚酯纤维无纺布为胎体，以SBS橡胶改性沥青为面层，以塑料薄膜为隔离层，油毡表面带有砂粒。它的耐撕裂强度比玻璃纤维胎油毡大15～17倍，耐刺穿性大15～19倍，可用氯丁黏合剂进行冷粘贴施工，也可用汽油喷灯进行热熔施工，是目前性能最佳的油毡之一。

2. 塑性体（APP）改性沥青防水卷材

如图 8-10 所示，与 SBS 的区别是使改性沥青变为塑性体。塑性体改性沥青防水卷材，是以聚酯毡、玻纤毡或玻纤增强聚酯毡为胎基，无规聚丙烯（APP）或聚烯烃类聚合物（APAO、APO）作改性剂，两面覆以隔离材料所制成的建筑防水卷材，统称 APP 卷材。依据《塑性体改性沥青防水卷材》（GB 18243—2008），APP 卷材物理力学性能应符合表 8-5 的规定。

图 8-10　APP 防水卷材

表 8-5　APP 卷材物理力学性能

序号	项　目		指　标				
			I		II		
			PY	G	PY	G	PYG
1	可溶物含量/(g/m²)，≥	3mm	2100				—
		4mm	2900				—
		5mm	3500				
		试验现象	—	胎基不燃	—	胎基不燃	
2	耐热性	℃	110		130		
		≤mm	2				
		试验现象	无流淌、滴落				
3	低温柔性/℃		−7		−15		
			无裂缝				
4	不透水性 30min		0.3MPa	0.2MPa	0.3MPa		
5	拉力	最大峰拉力/(N/50mm)，≥	500	350	800	500	900
		次高峰拉力/(N/50mm)，≥	—	—	—	—	800
		试验现象	拉伸过程中，试件中部无沥青涂盖层开裂或与胎基分离现象				
6	延伸率	最大峰时延伸率（%），≥	25		40		
		第二峰时延伸率（%），≥	—	—	—	—	15

APP 卷材的品种、规格与 SBS 卷材相同。APP 卷材适用于工业与民用建筑的屋面和地下防水工程，以及道路和桥梁等建筑物的防水，尤其适用于较高气温环境的建筑防水。

3. 合成高分子防水卷材

合成高分子防水卷材分为三类：橡胶类、树脂类和橡塑。

合成高分子防水卷材是以合成橡胶、合成树脂或两者的混合体为基料，加入适量的化学助剂和填充料等，经不同工序加工而成可卷曲的片状防水材料；或把上述材料与合成纤维等复合形成两层或两层以上可卷曲的片状防水材料。

合成高分子防水卷材具有拉伸强度高、断裂伸长率大、抗撕裂强度高、耐热性能好和低温柔性好，以及耐腐蚀和耐老化，可以冷施工等一系列优异性能，是我国大力发展的新型高档防水卷材。

（1）三元乙丙橡胶防水卷材

三元乙丙橡胶防水卷材是以乙烯、丙烯和少量双环戊二烯三种单体共聚合成的以三元乙

丙橡胶为主，掺入适量的丁基橡胶、硫化剂、促进剂、软化剂、补强剂和填充料等，经密炼、压延或挤出成型、硫化和分卷包装等工序而制成的一种高弹性的防水卷材。

三元乙丙橡胶卷材具有优良的耐候性、耐臭氧性和耐热性，还具有抗老化性好、质量轻、抗拉强度高、断裂伸长率大、低温柔韧性好及耐酸碱腐蚀等优点。依据《高分子防水材料　第1部分：片材》（GB 18173.1—2012），三元乙丙橡胶防水卷材的主要技术性能应符合表8-6的规定。

表8-6　三元乙丙橡胶防水卷材的主要技术性能

项　目	指　标
拉伸强度/MPa，≥	7.5
拉断伸长率（%），≥	450
撕裂强度/（kN/m），≥	25
低温弯折/℃	-40 无裂纹
不透水性/MPa，保持30min	0.3 无渗漏

（2）聚氯乙烯防水卷材

聚氯乙烯防水卷材是以聚氯乙烯树脂为主要原料，掺加适量的改性剂、增塑剂和填充料等，经混炼、压延或挤出成型、分卷包装等工序制成的柔性防水卷材。依据《高分子防水材料　第1部分：片材》（GB 18173.1—2012），聚氯乙烯防水卷材的主要技术性能应符合表8-7的规定。

表8-7　聚氯乙烯防水卷材主要技术性能

项　目	指　标
拉伸强度/MPa	≥10
拉断伸长率（%）	≥200
撕裂强度/（kN/m）	≥40
低温弯折/℃	-20，无裂纹
不透水性（保持30min）/MPa	0.3，无渗漏

聚氯乙烯防水卷材具有抗拉强度高，断裂伸长率大，低温柔韧性好，使用寿命长及尺寸稳定性、耐热性和耐腐蚀性等较好的特性。

8.3　防水涂料与密封材料

8.3.1　防水涂料

防水涂料是将在高温下呈黏稠液状态的物质，涂布在基体表面，经溶剂或水分挥发，或各组分间的化学变化，形成具有一定弹性的连续薄膜，使基层表面与水隔绝，并能抵抗一定的水压力，从而起到防水和防潮作用。

1. 氯丁橡胶沥青防水涂料

氯丁橡胶沥青防水涂料可分为溶剂型和水乳型两种。

溶剂型氯丁橡胶沥青防水涂料是氯丁橡胶和石油沥青溶于甲基而形成的一种混合胶体溶液，其主要成膜物质是氯丁橡胶和石油沥青。

水乳型氯丁橡胶沥青防水涂料是以阳离子型氯丁胶乳与阳离子型沥青乳液混合构成，是氯丁橡胶及石油沥青的微粒借助于阳离子型表面活性剂的作用，稳定分散在水中而形成的一种乳状液。它具有橡胶和沥青双重优点。有较好的耐水性、耐腐蚀性、成膜快，涂膜致密完整，延伸性好，抗基层变形性能较强，能适应多种复杂层面，耐候性能好，能在常温及较低温度条件下施工，可用于工业与民用建筑混凝土屋面防水层，防腐蚀地坪的隔离层，旧油毡屋面维修，以及厨房、水池、厕所和地下室的抗渗防潮等，如图 8-11 所示为防水涂料和防水层。

图 8-11　防水涂料和防水层

2. 聚氨酯防水涂料

聚氨酯防水涂料为双组分反应型涂料。其中甲组分为含异氰酸基的聚氨酯预聚物，乙组分由含多羟基或胺基的固化剂与填充剂、增韧剂和稀释剂等组成。甲乙组分按一定比例混合后，常温下即能发生交联固化反应，形成均匀而富有弹性、耐水以及抗裂的厚质防水涂膜。

聚氨酯涂膜防水有透明、彩色和黑色等品类，并兼有耐磨、装饰及阻燃等性能，如图 8-12 所示。

图 8-12　聚氨酯涂膜防水

8.3.2　密封材料

密封材料也称嵌缝材料。为提高建筑物整体的防水和抗渗性能，对于工程中出现的施工缝、构件连接缝以及变形缝等各种接缝，必须填充具有一定的弹性、黏结性、能够使接缝保持水密以及气密性能的材料，这就是建筑密封材料。

建筑密封材料分为具有一定形状和尺寸的定型密封材料（如止水条、止水带等），以及各种膏糊状的不定型密封材料（如腻子、胶泥、各类密封膏），建筑密封材料及应用部位示意图如图 8-13 所示。常用于屋面、厨房和卫生间管道周围，散水与楼体之间。

1）改性沥青防水嵌缝油膏是以石油沥青为基料，加入橡胶改性材料及填充料等经混合加工而成的一种冷用膏状材料，具有优良的防水防潮性能，适用于嵌填建筑物的缝隙及各种构件的防水等。该油膏黏结性能好，延伸率高，当基层结构变形时，能随之伸缩，且嵌缝防

定型密封材料

不定型密封材料

应用部位

图 8-13　建筑密封材料及应用

水性能不受影响。

2）聚氨酯建筑密封膏是以聚氨基甲酸酯聚合物为主要成分的双组分反应固化型的建筑密封材料。它具有延伸率大、弹性高、黏结性好、耐低温、耐火、耐油、耐酸碱、抗疲劳及使用年限长等优点。

3）丙烯酸酯建筑密封膏是以丙烯酸酯乳液为基料的建筑密封膏。这种密封膏弹性好，能适应一般基层伸缩变形的需要；耐候性能优异，其使用年限在 15 年以上；耐高温性好，在 −20～100℃ 情况下，长期保持柔韧性；黏结强度高、耐水、耐酸碱性好，并有良好的着色性；适用于混凝土、金属、木材、天然石料、砖、砂浆、玻璃、瓦及水泥石之间密封防水。

4）硅酮密封膏大多是以硅氧烷聚合物为主体，加入适量的硫化剂、硫化促进剂以及填料等组成，具有优异的耐热性、耐寒性、耐候性和耐水性，耐拉压疲劳性强，与各种材料都有较好的黏结性能。硅酮密封膏按用途分为建筑接缝用（F 类）和镶装玻璃用（G 类）两类。

8.4　防水卷材的检测

防水卷材技术性能检测的主要内容包括拉伸性能、不透水性、耐热度和低温柔度四项重要指标。参照标准为《建筑防水卷材试验方法》（GB/T 328—2007），其中，抽样规则参照第 1 部分，拉伸性能检测参照第 8 部分，不透水性检测参照第 10 部分，耐热性检测参照第 11 部分，低温柔性检测参照第 14 部分。

8.4.1　防水卷材的取样要求

根据规范《建筑防水卷材试验方法》（GB/T 328—2007），防水卷材的取样按下列规定进行。

1）凡进入施工现场的防水卷材应附有出厂检验报告单及出厂合格证，并注明生产日期、批号、规格和名称。

2）抽样规则。抽样根据相关协议要求，若无协议，抽样按照表 8-8 进行，不得抽取损坏的卷材。

表 8-8　抽样数量

批量/m²		样品数量/卷
以　　上	直　　至	
—	1000	1
1000	2500	2
2500	5000	3
5000	—	4

8.4.2　防水卷材的检测内容和试验方法

1. 防水卷材拉伸性能试验

（1）试验仪器

拉伸试验机（图 8-14）和量尺。

（2）试件制备

整个拉伸试验应制备两组试件，一组纵向 5 个试件，一组横向 5 个试件。试件在试样上距边缘 100mm 以上任意裁取，用模板，或用裁刀，矩形试件宽为（50±0.5）mm，长为（200+2×夹持长度）mm，长度方向为试验方向。表面的非持久层应去除。试件在试验前在（23±2）℃和相对湿度 30%~70% 的条件下至少放置 20h。

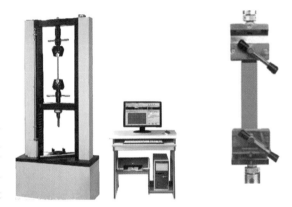

图 8-14　拉伸试验机

（3）试验步骤

将试件紧紧地夹在拉伸试验机的夹具中，注意试件长度方向的中线与试验机夹具中心在一条线上。夹具间距离为（200±2）mm，为防止试件从夹具中滑移应做标记。当用引伸计时，试验前应设置标距间距离为（180±2）mm。为防止试件产生任何松弛，推荐加载不超过 5N 的力。试验在（23±2）℃进行，夹具移动的恒定速度为（100±10）mm/min。

连续记录拉力和对应的夹具（或引伸计）间距离。

（4）试验结果评定

1）拉力值：分别计算纵向、横向 5 个试件拉力的算术平均值，作为卷材纵向或横向拉力。

2）最大拉力时的延伸率：分别计算纵向、横向 5 个试件最大拉力时延伸率算术平均值，以此作为卷材纵向和横向延伸率。

2. 防水卷材不透水性试验

（1）试验仪器

防水卷材不透水仪，如图 8-15 所示。

图 8-15　几种不透水仪

（2）试件制备

试件在卷材宽度方向均匀裁取，最外一个距卷材边缘 100mm。试件的纵向与产品的纵向平行并标记。在相关的产品标准中应规定试件数量，最少三块。

方法 A：圆形试件，直径（200 ± 2）mm。

方法 B：试件直径不小于盘外径（约 130mm）。

试验条件：试验前试件在（23 ± 5）℃放置至少 6h。

（3）试验步骤

将试件放在设备上，旋紧翼形螺母固定夹环。让水进入，排出空气，直至水出来关闭阀门，说明设备已水满。调整试件上表面所要求的压力。保持压力（24 ± 1）h。检查试件，观察上面滤纸有无变色。

（4）试验结果评定

方法 A：试件有明显的水渗到上面的滤纸产生变色，认为试验不符合。所有试件通过认为卷材不渗水。

方法 B：所有试件在规定的时间内不透水认为不透水性试验通过。

3. 防水卷材耐热度试验

（1）试验仪器

鼓风烘箱、热电偶和悬挂装置，试验装置如图 8-16 所示。

图 8-16　耐热度试验装置

（2）试件制备

用于试验的矩形试件尺寸（100 ± 1）mm ×（50 ± 1）mm，去除任何非持久保护层。试件试验前至少放置在（23 ± 2）℃的平面上 2h，相互之间不要接触或黏住。

（3）试验步骤

1）烘箱预热到规定的试验温度，温度通过与试件中心同一位置的热电偶控制。整个试验期间，试验区域的温度波动不超过 ±2℃。

2）制备一组三个试件，分别在距试件短边一端 10mm 处的中心打一小孔，用细铁丝或回形针穿过，垂直悬挂试件在规定温度烘箱的相同高度，间隔至少 30mm。此时烘箱的温度不能下降太多，开关烘箱门放入试件的时间不超过 30s，放入试件后加热时间为（120±2）min。

3）加热周期一结束，将试件从烘箱中取出，相互间不要接触，目测观察并记录试件表面的涂盖层有无滑动、流淌、滴落或集中性气泡。

（4）试验结果评定

试件任一端涂盖层不应与胎基发生位移，试件下端的涂盖层不应超过胎基，无流淌、滴落或集中性气泡，为规定温度下耐热性符合要求。一组三个试件都符合要求该指标合格。

4. 防水卷材低温柔度试验

（1）试验仪器

机械弯曲装置、冷冻液和半导体温度计，试验装置如图 8-17 所示。

图 8-17　低温柔度仪

（2）试件制备

用于试验的矩形试件尺寸（150±1）mm×（25±1）mm，去除表面的任何保护膜，试件试验前应在（23±2）℃的平板上放置至少 4h，并且相互之间不能按触，也不能黏在板上。

（3）试验步骤

1）在开始所有试验前，两个圆筒间的距离应按试件厚度调节，即弯曲轴直径 +2mm +2 倍试件的厚度。然后将装置放入已冷却的液体中。半导体温度计靠近试件，检查冷冻液的温度。两组各 5 个试件，在规定温度处理后，一组是上表面试验，另一组下表面试验。

2）试件放置在圆筒和弯曲轴之间，试验面朝上，然后设置有曲轴以（360±40）mm/min 速度顶着试件向上移动，试件同时绕轴弯曲。

3）在完成弯曲过程 10s 内，在适宜的光源下用肉眼检查试件有无裂纹，必要时，用辅助光学装置。假若有一条或更多的裂纹从涂盖层深入到胎体层，或完全贯穿无增强卷材，即存在裂缝。一组 5 个试件应分别试验检查。

（4）试验结果评定

一个试验面 5 个试件在规定温度至少 4 个无裂缝为通过，上表面和下表面的试验结果分别记录。

若有一项性能不合格，重新抽样，对该项进行复检。若复验结果符合标准，则判该批产品合格；若仍达不到标准规定，则判该批产品物理力学性能不合格。

防水卷材检测报告见表 8-9。

表8-9　防水材料（卷材）检测报告

委托单位：×× 　　　　　　　　　　　　　　　　　　　　　　　统一编号：××

工程名称	×××市轨道交通3号线一期工程　位同站		委托日期	2017.12.03
使用部位	主体结构-防水工程、卷材防水		报告日期	2018.01.03
试样名称	预铺防水卷材		规格型号	YPS 1.5mm 20m²
生产厂家	×××防水技术集团有限公司		代表批量	1500m²
样品状态	表面平整		检测类别	委托检测
序号	检测项目	标准要求	实测结果	单项结论
1	耐热性	70℃，2h 无位移、流淌、滴落	无位移、流淌、滴落	合格
2	低温弯折性	-25℃，无裂纹	无裂纹	合格
3	拉伸性能			
	拉力/（N/50mm）	纵向≥500	736	合格
		横向≥500	646	合格
	膜断裂伸长率（%）	纵向≥400	528	合格
		横向≥400	536	合格
4	钉杆撕裂强度/N	纵向≥400	635	合格
		横向≥400	615	合格
5	防窜水性	0.6MPa 不串水	不串水	合格
6	不透水性（0.3MPa，120min）	—	不透水	合格
依据标准	《预铺/湿铺防水卷材》（GB/T 23457—2009）和《建筑防水卷材试验方法　第10部分：沥青和高分子防水卷材　不透水性》（GB/T 328.10—2007）			
检测结论	该送检样品经检验，所检指标符合标准要求			
备注	批号 0001818 见证单位：××× 见证人：×××　　　　　　　　取样人：×××			
声明	1. 本检测报告无检验检测专用章和计量认证专用章无效；无检测、审核、批准签字无效。 2. 本检测报告结论不含无标准要求的实测结果，该数据仅供委托方参考。 3. 若有异议或需要说明之处，请于出具报告之日起十五日内书面提出，逾期不予受理。 4. 未经本检验检测机构书面批准，不得复制该报告。 5. 地址：××× 电话：××× 邮政编码：×××			

检测单位：×××建筑工程检测公司　　　批准：　　　　　审核：　　　　　检测：

本章练习题

1. 简述石油沥青的三个基本性质及其指标。
2. 简述 SBS 卷材、APP 卷材、三元乙丙卷材在性质上的主要区别。
3. 防水卷材的检测包括哪些试验项目？

第**9**章

其他材料

【技能目标】

能正确判断常用的保温材料、建筑塑料、装饰材料的类型。

【知识目标】

1. 了解保温材料的分类、特点与应用。

2. 了解建筑塑料的分类、特点与应用。

3. 了解装饰材料的分类、特点与应用。

【情感目标】

关注各类材料，循序渐进、与时俱进，主动接触新材料、新工艺和新技术，提高学习的兴趣和自信心。

9.1 保温绝热材料

通常把导热系数 $\lambda < 0.23W/(m \cdot K)$，并能用于绝热工程的材料称为绝热材料，把用于控制室内热量外流的叫保温材料，防止热量进入室内的叫隔热材料。保温隔热材料总称为绝热材料。

9.1.1 绝热材料的分类

1）按成分分为两类：有机材料和无机材料。

2）按形状可分为：松散隔热保温材料、板状隔热保温材料、整体保温隔热材料。整体保温材料一般是用松散隔热保温材料作骨料，浇注或喷涂而成，如图9-1所示。

  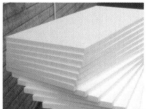

膨胀珍珠岩　　　　　　泡沫玻璃　　　　　　岩棉保温板

图9-1 保温材料

9.1.2 常用保温绝热材料的技术特点及应用

1. 无机保温材料

无机保温材料的主要优点有：防火阻燃、变形系数小、抗老化、性能稳定、生态环保性

好、不消耗有机能源、利用废料、与墙基层和抹面层结合较好、安全稳固性好、使用寿命长、施工难度小和成本较低等。

其缺点主要有：容重较大、致密性和可加工性较差，保温隔热性能稍差。

（1）泡沫混凝土与加气混凝土

1）如图9-2所示为泡沫混凝土砌块，它是由水泥、发泡剂、外加剂等材料混合后经搅拌发泡、成型、养护而成的一种多孔、轻质、保温隔热、吸声的材料。也可用粉煤灰、石膏和泡沫剂制成粉煤灰泡沫混凝土。泡沫混凝土的表干密度为 $300 \sim 500 kg/m^3$。导热系数为 $0.08 \sim 0.12 W/(m \cdot K)$，常用于屋面、墙体、地面的保温隔热。

2）加气混凝土是由水泥、石灰、粉煤灰和发气剂（铝粉）配制而成，是一种保温绝热性能良好的轻质材料。加气混凝土的表观密度小（ $300 \sim 850 kg/m^3$ ），导热系数是黏土砖的几分之一，具有轻质、高强、保温、隔声、防火等性能，常应用于建筑围护结构部分的保温隔热，如图9-3所示为加气混凝土墙体。

图9-2　泡沫混凝土砌块　　　　　　图9-3　加气混凝土墙体

（2）硅藻土与硅酸钙绝热制品

1）硅藻土制品（砖）是以硅藻土为主要原料添加一些可燃材料，经混合、成型、烧结等制成的成品。其孔隙率为 $50\% \sim 80\%$ ，密度为 $500 kg/m^3$，导热系数为 $0.17 W/(m \cdot K)$ 左右，最高使用温度可达 900℃。作为保温材料，具有气孔率高、容重小、保温隔热、使用温度高、耐酸、吸水性和渗透性强等特性。广泛用于工业及建筑的保温隔热，还应用于冶金、建材、机械、能源等工业部门以及锅炉、蒸馏器、热处理炉、干燥器的保温。如图9-4所示为硅藻土及其制品。

硅藻土　　　　　　　　　硅藻土砖　　　　　　　　硅藻土壁材料

图9-4　硅藻土及其制品

2）硅酸钙绝热制品，如图9-5所示，它由硅藻土或硅石与石灰等经配料、拌和、成型及水热处理制成。以托贝莫来石为主要水化产物的硅酸钙密度约为 $170 \sim 240 kg/m^3$，导热系数为 $0.058 \sim 0.07 W/(m \cdot K)$，最高使用温度约650℃；以硬硅钙石为主要水化产物的硅酸钙，其密度约为 140 ~ 270kg/m³，导热系数为 0.058 ~ 0.075W/(m·K)，最高使用温度约 1000℃。硅酸钙保温材料具有容重轻（容重仅为硅藻土砖的 1/3）、强度高、耐久性好、施工方便、制品破损率高、吸水率高等特点，应用涉及电力、化工、冶金、石化、纺织、轻工、建材等设备和管道的保温，还应用到建筑、船舶和列车的隔热保温。

硅酸钙管　　　　　　　　　　　　硅酸钙板

图 9-5　硅酸钙绝热制品

（3）膨胀珍珠岩

膨胀珍珠岩是由珍珠岩、黑曜岩和松脂岩等酸性玻璃质火山岩经破碎、筛分、预热和煅烧（850 ~ 1150℃）膨胀而得的具有多孔结构的白色粒状或粉状材料。膨胀珍珠岩产品密度分为 200 号、250 号和 350 号。按用途分有大颗粒膨胀珍珠岩、膨胀珍珠岩和膨胀珍珠粉。膨胀珍珠岩最高使用温度为 800℃，最低使用温度为 -200℃；具有质轻、隔热、导热系数小 [0.06 ~ 0.087W/(m·K)]、防火、吸声、耐腐蚀、无毒、无味、无刺激和价格低廉等特性。吸水率很高，但球形闭孔膨胀珍珠岩吸水率可大幅降低，可直接作为墙体保温和隔热材料，如图 9-6 所示，还可作为室内吸声材料使用，如图 9-7 所示。广泛应用于建筑的保温隔热、防火涂料、吸音板，工业上管道保温、低温管道保冷绝热（工业冷库、食品冷库），农园艺方面的无土栽培、土壤改良等。

  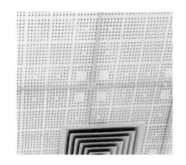

图 9-6　膨胀珍珠岩颗粒、保温板　　　　　　　　图 9-7　膨胀珍珠岩吸声板

（4）岩棉、矿渣棉

它们是以天然岩石或者冶金矿渣为原料，以焦炭为燃料，熔化后用喷射法或离心法制成的絮状物或细颗粒，密度为 80 ~ 140kg/m³，导热系数为 0.03 ~ 0.044W/(m·K)，最高使用温度 600 ~ 700℃。岩棉、矿渣棉均是无机纤维类保温、隔热、吸声材料，具有密度小、导热系数低、不燃与吸声效果好等特点，适合于各种形状的保温和吸声工程的填充材料。建筑用岩棉板具有防火、保温、吸声性能，主要用于建筑墙体、屋顶的保温隔声、建筑隔墙、防火

墙、防火门和电梯井的防火和降噪，如图 9-8 所示。

岩棉　　　　　　　　　　　　矿渣棉

岩棉卷毡　　　　　　　　　　岩棉板

图 9-8　岩棉矿渣棉及其制品

（5）泡沫玻璃

泡沫玻璃是以玻璃粉为基料，加入外加剂通过隧道窑高温焙烧而成，是高级保温隔热材料。其特点：容重轻（密度 150～600kg/m³），导热系数小［0.05～0.11W/（m·K）］，不透湿、吸水率小；最高使用温度为 500℃，不燃烧、不霉变；机械强度高、加工方便、耐化学腐蚀（氢氟酸除外）、本身无毒、性能稳定，既是保冷材料又是保温材料，能适应深冷到较高温度范围。同时它的重要价值不仅在于长年使用不会变质，而且起到防火、防震作用，被誉为"不须更换的永久性隔热材料"。应用于建筑的墙体、屋面和其他建筑构件的保温绝热部分，用于屋面保温还可以起到第二道防水的作用。如图 9-9 所示。

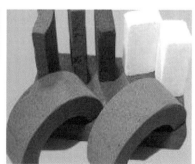

泡沫玻璃　　　　　　　　　　泡沫玻璃弧形板

图 9-9　泡沫玻璃制品

2. 有机保温材料

有机保湿材料种类有：聚苯颗粒、发泡聚苯板（EPS）、挤塑聚苯板（XPS）、聚氨酯硬质泡沫塑料（PU）和橡塑海绵保湿材料。

其特点是：质轻、致密性高、保温隔热性好。近几年来在我国建筑节能领域取得了突飞猛进的发展，已在本领域占据了绝对的主导地位。其中发泡和挤塑聚苯板的应用就占 80% 左右。

（1）聚苯颗粒

在聚苯乙烯生产过程中加入一定量的发泡剂和其他多种助剂形成珠粒形树脂颗粒，然后经过膨胀发泡，得到聚苯颗粒。导热系数 ≤0.06W/(m·K)，通常为阻燃型，满足外保温防火要求，具有较好的耐候性，施工适应性好。堆积密度 8.0～21kg/m³，使用温度不宜超过 70℃。胶粉聚苯颗粒浆料可直接在墙体基层施工，作为墙体的保温层。由于抹灰成型、整体性能好，特别适合建筑造型复杂的各种外墙保温工程，如图 9-10 所示。

聚苯颗粒　　　　　　　　　　胶粉聚苯颗粒浆料

图 9-10　聚苯颗粒材料

（2）发泡、挤塑型聚苯板

聚苯乙烯板根据成型方式不同分为发泡型聚苯板（EPS，模塑聚苯板）和挤塑型聚苯板（XPS）。绝热性能好，使用温度不宜超过 75℃。

发泡型聚苯板（EPS）：导热系数 0.038～0.041W/(m·K)，吸水率为 0.05%～0.156%，强度较低，抗裂性能优良，应用十分广泛，技术标准较为完备和成熟，如图 9-11 所示。

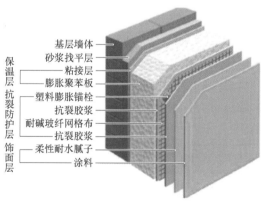

保温层　基层墙体
　　　　砂浆找平层
　　　　粘接层
抗裂　　膨胀聚苯板
防护层　塑料膨胀锚栓
　　　　抗裂胶浆
　　　　耐碱玻纤网格布
　　　　抗裂胶浆
饰面层　柔性耐水腻子
　　　　涂料

图 9-11　发泡型聚苯板

挤塑型聚苯板（XPS）：导热系数 0.028～0.03W/(m·K)，吸水率低（0.05%～0.15%），抗压强度高，抗老化，性能稳定，无环境不良影响，在屋面使用十分适合；应用于墙面时，易于翘曲变形。对于其工程应用的可靠性，存在争议，还没有获得广泛认可，如图 9-12 所示。

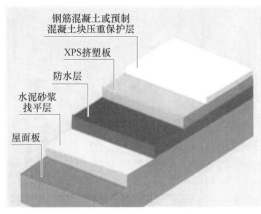

图 9-12　挤塑型聚苯板

（3）聚氨酯硬质泡沫塑料（PU）

它是两种化工原料混合，经发泡机加压和混合，用压缩空气喷涂于需保温的表面瞬间发泡形成的硬质泡沫体，如图 9-13 所示。其特点如下：

图 9-13　聚氨酯硬质泡沫塑料

1）导热系数低，保温隔热效果好。当聚氨酯硬泡密度为 $30 \sim 45 \text{kg/m}^3$ 时，导热系数仅为 $0.024 \sim 0.030 \text{W/(m·K)}$。在同样保温效果下，聚氨酯硬泡保温层厚度相当于发泡型聚苯板 EPS 的一半。

2）与基层黏结性能好。聚氨酯硬泡可采用直接喷涂或浇注的方式形成于基层，与基层牢固地黏合。聚氨酯硬泡可与砌块、砖石、混凝土墙、木材、金属和玻璃等各种材料粘贴。

3）良好的力学性能。聚氨酯硬泡具有更高的压缩强度和剪切强度，可形成更坚固的保温复合结构。

4）密度小，是轻质材料。

5）防水性能好。聚氨酯硬泡闭孔率高，可达 95% 以上，所以其吸水率低，不易透水，防水效果好。

6）可现场喷涂或浇注施工，保温层整体性好。聚氨酯硬泡可采用专用设备进行现场喷涂或浇注施工，施工具有连续性，可使整个保温层形成无接缝连续整体。

7）良好的尺寸稳定性。在 $-30 \sim 80℃$ 范围内，聚氨酯硬泡体积变化率很低，这可以降低保温层变形开裂的可能性。

8）良好的阻燃性能，且可调节。

9）耐候性及化学稳定性好。聚氨酯硬泡可以经受从 −30 ～ 90℃ 之间的温度考验而正常使用。聚氨酯硬泡耐弱酸和弱碱等化学物质。

10）无毒、无刺激性，无生物寄生性，属于环保保温材料。

缺点：成本高，现场喷涂质量不易控制。目前广泛应用在热力管道的保温方面。

（4）橡塑海绵保温材料

橡塑海绵保温材料为闭孔弹性材料，如图 9-14 所示。其特点：

图 9-14　橡塑海绵保温材料

1）导热系数低。平均温度为 0℃ 时，导热系数为 0.034W/（m·h）。

2）阻燃性能好。材料中含有大量阻燃减烟原料，燃烧时产生的烟浓度极低，而且遇火不熔化，不会滴下着火的火球，为 B1 级难燃材料。

3）安装方便，外形美观。因产品富柔软性，安装简易方便。材料外表有橡胶，光滑平整，不需另加隔气层及防护层，减少了施工中的麻烦，也保证了外形美观与平整。

4）减小抗震。橡塑绝热材料具有很高的弹性，因而能最大限度地减少冷冻水和热水管道在使用过程中的振动和共振。

5）其他优点。橡塑绝热材料使用起来十分安全，既不会刺激皮肤，亦不会危害健康。它们能防止霉菌生长，避免害虫或老鼠啮咬，而且耐酸抗碱，性能优越。

目前价格较高，主要用于管道的保温。

9.2　建筑塑料

9.2.1　建筑塑料的分类及应用

建筑塑料是用于建筑工程的塑料制品的统称。塑料是以合成高分子化合物或天然高分子化合物为主要基料，与其他原料在一定条件下经混炼，塑化成型，在常温常压下能保持产品形状不变的材料。塑料的主要成分是合成树脂。根据树脂与制品的不同性质，要求加入不同的添加剂，如稳定剂、增塑剂、增强剂、填料和着色剂等。塑料可加工成各种形状和颜色的制品，加工方法简便，自动化程度高，生产能耗低。因此，塑料制品广泛应用于工业、农业、建筑业和生活日用品中。制造建筑塑料制品常用的成型方法有压延、挤出、注射、压缩、涂布和层压等。

塑料在建筑中大部分是用于非结构材料，仅有一小部分用于制造承受轻荷载的结构构件，如塑料波形瓦、候车棚、商亭、储水塔罐和充气结构等；更多的是与其他材料复合使用，可以充分发挥塑料的特性，如用作电线的被覆绝缘材料、人造板的贴面材料、有泡沫塑料夹心层的各种复合外墙板以及屋面板等。所以，建筑塑料是有广阔发展前途的一种建筑

材料。

1. 塑料的分类

根据塑料中树脂热性能可分为热塑性塑料和热固性塑料。热塑性塑料经加热成形，冷却硬化后，再经加热还具有可塑性，如聚氯乙烯（PVC）、聚乙烯（PE）、聚丙烯（PP）、聚苯乙烯（PS）、有机玻璃（PMMA）和聚碳酸酯（PC）等，如图9-15和图9-16所示；热固性塑料是经初次加热成型并冷却固化后，多数有机高分子发生聚合反应，形成了热稳定的高聚物，即使再经加热也不会软化和产生塑性，如酚醛树脂、脲醛树脂、三聚氰胺树脂、环氧树脂、有机硅树脂和聚氨酯等，如图9-17和图9-18所示。总之，热塑性塑料的塑化和硬化过程是可逆的，而热固性塑料的塑化是不可逆的。

聚氯乙烯(PVC)

聚乙烯(PE)

聚丙烯(PP)

图 9-15　热塑性塑料（1）

聚苯乙烯(PS)

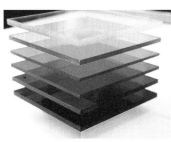
有机玻璃(PMMA)

聚碳酸酯(PC)

图 9-16　热塑性塑料（2）

酚醛树脂

脲醛树脂

三聚氰氨树脂

图 9-17　热固性塑料（1）

2. 塑料的性质

塑料有以下优点：轻质，比强度高，玻璃纤维增强塑料（玻璃钢）的某些强度重量比，甚至比钢铁还要高；加工性能好；导热系数小；装饰性优异；是热和电的良好绝缘体，抵抗

环氧树脂　　　　　　　　　　有机硅树脂　　　　　　　　　　聚氨酯

图 9-18　热固性塑料（2）

化学腐蚀能力强，具有多功能性；经济性好。

大部分塑料的主要缺点：耐热性差，易燃；易老化；热膨胀性大；塑料的弹性模量低，易产生变形，刚度小。

塑料及其制品的优点大于缺点，且塑料的缺点可以通过增强、复合以及采取适当措施加以改进。

3. 建筑塑料的应用

（1）塑料管材、管件

用塑料制造的管材及接头管件，已广泛应用于室内排水、自来水、化工及电线穿线管等管路工程中。塑料管材与金属管材相比，具有生产成本低，容易模制；质量轻，运输和施工方便；表面光滑，流体阻力小；不生锈，耐腐蚀，适应性强；韧性好，强度高，使用寿命长，能回收加工再利用等优点。其缺点是塑料的线胀系数比铸铁大 5 倍左右，所以在较长的塑料管路上需要设置柔性接头。

塑料管的连接方法有胶粘法、热熔接法、螺纹连接法、法兰盘连接法以及带有橡胶密封圈的承插式连接法。塑料管材按用途可分为受压管和无压管；按主要原料可分为聚氯乙烯管、聚乙烯管、聚丙烯管、ABS 管、聚丁烯管、玻璃钢管、铝塑复合管等；还可分为软管和硬管等。

1）硬聚氯乙烯（PVC-U）管，主要用于给水管道的非饮用水、排水管道和雨水管道。通常直径为 40~100mm，使用温度不高于 40℃，如图 9-19 所示。

2）氯化聚氯乙烯（PVC-C）管，主要用于冷热水管、消防水管和工业管道，寿命可达 50 年，使用温度高达 90℃，如图 9-20 所示。

图 9-19　硬聚氯乙烯（PVC-U）管　　　　图 9-20　氯化聚氯乙烯（PVC-C）管

3）无规共聚聚丙烯（PP-R）管，用于冷热水管和饮用水管，不得用于消防给水系统，

如图 9-21 所示。

4）丁烯（PB）管，应用于冷热水管和饮用水管，如地板辐射采暖系统，如图 9-22 所示。

图 9-21　无规聚丙烯（PP-R）管　　　图 9-22　丁烯（PB）管

5）交联聚乙烯（PEX）管主要用于地板辐射采暖系统的盘管，如图 9-23 所示。
6）铝塑复合管用于冷热水管和饮用水管，如图 9-24 所示。

图 9-23　交联聚乙烯（PEX）管　　　图 9-24　铝塑复合管

（2）塑料门窗和装修配件

随着建筑塑料工业的发展，塑钢门窗、玻璃钢门窗、全塑料门窗、喷塑钢门窗以及断桥铝门窗将逐步取代木门窗和金属门窗，得到越来越广泛的应用，如图 9-25 和图 9-26 所示。与其他门窗相比，塑料门窗具有耐水、耐腐蚀、气密性及水密性好、绝热性及隔声性好、耐燃、尺寸稳定性和装饰性强，而且不需要粉刷油漆，维修保养方便，节能效果显著，节约木材、钢材以及铝材等优点。

  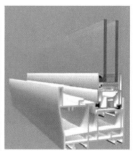

图 9-25　塑钢门窗、玻璃钢门窗和全塑料门窗

图 9-26　喷塑钢门窗和断桥铝门窗

采用硬质发泡聚氯乙烯或聚苯乙烯制造的室内装修配件，常用于墙板护角、门窗口的压缝条、石膏板的嵌缝条、踢脚板、挂镜线、顶棚吊顶回缘和楼梯扶手等处。它还兼有建筑构造部件和艺术装饰品的双重功能，既可提高建筑物的装饰水平，也能发挥塑料制品外形美观和便于加工的优点。

（3）塑料壁纸、地板和贴面板

塑料壁纸如图 9-27 所示，包括涂塑壁纸和压塑壁纸。涂塑壁纸是以木浆原纸为基层，涂布氯乙烯-醋酸乙烯共聚乳液与钛白、瓷土、颜料和助剂等配成的乳胶涂料烘干后再印花而成。聚氯乙烯塑料壁纸属于压塑壁纸，是聚氯乙烯树脂与增塑剂、稳定剂、颜料和填料经混炼、压延成薄膜，然后与纸基热压复合，再印花、压纹而成。两种壁纸均具有耐擦洗和透气好的特点。

图 9-27　塑料壁纸

塑料地板有半硬质聚氯乙烯地面砖和弹性聚氯乙烯卷材地板两大类。地面砖的基本尺寸为边长 300mm 的正方形，厚度 1.5mm。其主要原料为聚氯乙烯或氯乙烯和醋酸乙烯的共聚物，填料为重质碳酸钙粉及短纤维石棉粉。产品表面可以有耐磨涂层、色彩图案或凹凸花纹。卷材地板的优点是地面接缝少，容易保持清洁；弹性好，步感舒适；具有良好的绝热吸声性能。塑料地板与传统的地面材料相比，具有质轻、美观、耐磨、耐腐蚀、防潮、防火、吸声、绝热、有弹性、施工简便、易于清洗与保养等特点，如图 9-28 所示。

其他塑料制品还有塑料饰面板、塑料薄膜和生态木（树脂加木质纤维材料）等，也广泛应用于建筑工程及装饰工程中，如图 9-29 ~ 图 9-31 所示。

在选择和使用塑料时应注意其耐热性、抗老化能力、强度和硬度等性能指标。

（4）防水及保温材料

在基础或屋面工程中可制作防水卷材、塑料排水板或防水板、塑料土工布或加筋网等，

图 9-28　塑料地板

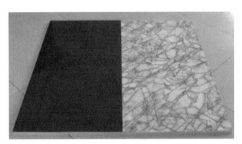 

图 9-29　塑料饰面板

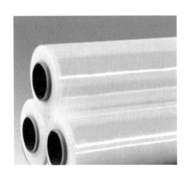 

PE塑料薄膜　　　　　　　　　　　ETFE膜结构（乙烯-四氟乙烯共聚物）

图 9-30　膜结构

如图 9-32 ~ 图 9-34 所示。

　　泡沫塑料是一种轻质多孔制品，具有不易塌陷，不因吸湿而丧失绝热效果的优点，是优良的保温和吸声材料。产品有板状、块状或特制的形状，也可以进行现场喷涂。泡孔互相联通的，称为开孔泡沫塑料，具有较好的吸声性和缓冲性；泡孔互不贯通的，称为闭孔泡沫塑

图 9-31　生态木

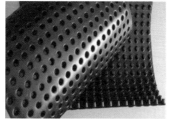

图 9-32　塑料排水板、防水板

图 9-33　塑料防水卷材

图 9-34　土工布

料，具有较小的导热系数和吸水性。建筑中常用的有聚氨酯泡沫塑料、聚苯乙烯泡沫塑料与脲醛泡沫塑料，如图 9-35 所示。聚氨酯泡沫塑料的优点是可以在施工现场用喷涂法发泡，

它与墙面的其他材料的黏结性良好，并耐霉菌侵蚀。

聚氨酯泡沫塑料

聚苯乙烯泡沫塑料

脲醛泡沫塑料

图 9-35 常用的三种泡沫塑料

9.2.2 常用建筑塑料的技术特点及应用

建筑上常用塑料有以下几种：

1. 聚乙烯塑料 PE

聚乙烯塑料是由聚乙烯树脂聚合而成。按聚合方法分为高压、中压和低压三种，为白色半透明材料，具有优良的电绝缘性能和化学稳定性，但机械强度不高，质地较柔韧，不耐高温。在建筑上主要制成管子或作水箱，用于排放或储存冷水；制成薄膜，用于防潮、防水工程，或作绝缘材料。聚乙烯由石油裂解分离而得，材料来源丰富，如图 9-36 所示。

图 9-36 聚乙烯塑料

2. 聚氯乙烯塑料 PVC

聚氯乙烯塑料是目前应用最多的塑料，如图 9-37 所示，由聚氯乙烯树脂加入增塑剂填料、颜料和其他附加剂等制成各色半透明或不透明的塑料。按加入不同量的增塑剂，可制得硬质或软质制品。它的使用温度范围为 −15~55℃，化学稳定性好，可耐酸和碱盐的腐蚀，并耐磨，具有消声、减振功能，其抗弯强度大于 60MPa。

图 9-37　聚氯乙烯塑料

3. 酚醛塑料

酚醛树脂是酚类和醛类结合而成的，如图 9-38 所示，具有耐热、耐湿、耐化学侵蚀和电绝缘等性能。颜色有棕色和黑色两种，但较脆，不耐撞击。在建筑工程中主要用作电木粉、玻璃钢和层压板等。

图 9-38　酚醛塑料

4. 聚甲基丙烯酸甲酯塑料

聚甲基丙烯酸甲酯塑料俗称有机玻璃，如图 9-39 所示，在不加其他组分时制成的塑料，具有高度透明性，在建筑上制成采光用的平板或瓦楞板。在树脂中加入颜料、染料、稳定剂和填充料，可挤压或模塑制成表面光洁的建筑制品；用玻璃纤维增强的树脂可制成浴缸等卫浴用品。

图 9-39　有机玻璃（亚克力 PMMA）

塑料制品一般具有耐酸耐碱耐腐蚀等优点，但是往往在温度变化时，在外界阳光、空气和水的作用下发生变形或老化现象，所以塑料制品保管要注意避免阳光长期直射，避免接触长期的高温环境，减少变形和老化现象发生的程度。

9.3 建筑装饰材料

装饰材料是指在建筑中用于外立面、内墙面、楼地面和顶棚等部位起装饰作用的材料，主要有天然石材、建筑陶瓷、玻璃及其制品、金属装饰材料、涂料和硅藻泥等，如图 9-40 所示。

图 9-40　常用建筑装饰材料

9.3.1　天然石材的主要技术性能及应用

1. 石材的分类

天然岩石按地质成因可分为火成岩、沉积岩和变质岩三大类，如图 9-41 所示。

1）火成岩也称岩浆岩，由地壳深处熔融岩浆上升冷却而成，具有结晶结构而没有层理。

2）沉积岩也称水成岩，是各种岩石经风化、搬运、沉积和再造岩作用而形成的岩石。沉积岩呈层状构造，孔隙率和吸水率大，强度和耐久性较火成岩低。但因沉积岩分布广容易

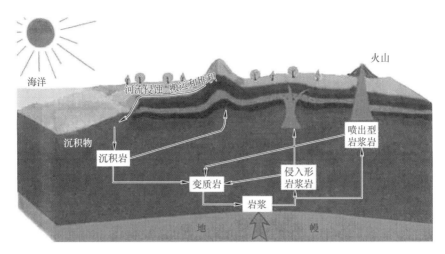

图 9-41　天然岩石的形成

加工，在建筑上应用广泛。

3）变质岩是地壳中原有的岩石在地质运动过程中受到高温和高压的作用，在固态下发生矿物成分、结构构造和化学成分变化形成的新岩石。建筑中常用的变质岩有大理岩、蛇纹岩、石英岩、片麻岩和板岩等。

2. 石材的主要物理力学性能

（1）石材的物理性能

石材的表观密度与其矿物组成和孔隙率等因素有关。表观密度大的石材，孔隙率小、抗压强度高、耐久性好。

按照表观密度的大小可将石材分为：重质石材，表观密度 >1800kg/m³；轻质石材，表观密度 <1800kg/m³。

（2）石材的力学性能（强度）

石材的强度等级分为 9 个：MU100、MU80、MU60、MU50、MU40、MU30、MU20、MU15 和 MU10。

它是以 3 个边长为 70mm 的立方体试块的抗压强度平均值确定划分的。

石材的硬度取决于组成矿物的硬度和构造，硬度影响石材的易加工性和耐磨性。石材的硬度常用莫氏硬度表示，它是一种刻划硬度。

3. 石材的应用

（1）毛石也称片石，是采石场由爆破直接获得的形状不规则的石块，如图 9-42 所示。

图 9-42　毛石

（2）料石是由人工或机械开采出的较规则的六面体石块，经凿琢而成，如图 9-43 所示。

图 9-43　料石

（3）用于建筑物内外墙面、柱面、地面、栏杆和台阶等处装修用的石材称为饰面石材。饰面石材的外形有加工成平面的板材，或者加工成曲面的各种定型件。

饰面石材从岩石种类分主要有大理石和花岗石两大类，如图 9-44 所示。

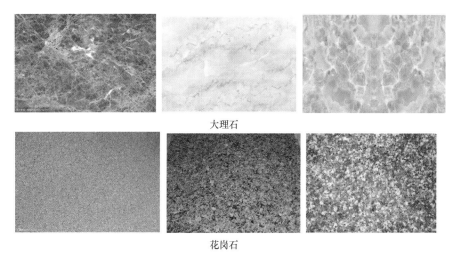

大理石

花岗石

图 9-44　大理石和花岗石

大理石是指变质或沉积的碳酸盐类岩石，有大理岩、白云岩、石英岩和蛇纹岩等。花岗石是指可开采为石材的各类火成岩，有花岗岩、安山岩、辉绿岩、辉长岩和玄武岩等。

大理石饰面材料因主要成分碳酸钙不耐大气中酸雨的腐蚀，所以除了少数几个含杂质少、质地较纯的品种（如汉白玉和艾叶青等）以外，其余品种不宜用于室外装修工程，因其面层会很快失去光泽，并且耐久性会变差。而花岗石饰面石材抗压强度高，耐磨性和耐久性高，不论用于室内或室外，使用年限都很长。

（4）色石渣也称色石子，是由天然大理石、白云石、方解石或花岗岩等石材经破碎筛选加工而成，作为骨料主要用于人造大理石、水磨石、水刷石、干粘石和斩假石等建筑物面层的装饰工程，如图 9-45 所示。

9.3.2　建筑陶瓷的主要技术性能及应用

建筑装饰陶瓷通常是指用于建筑物内外墙面、地面及卫生洁具的陶瓷材料和制品，另外还有在园林或仿古建筑中使用的琉璃制品。它具有强度高、耐久性好、耐腐蚀、耐磨、防

图 9-45　色石子

水、防火、易清洗以及花色品种多、装饰性好等优点。

1. 建筑陶瓷的分类

陶瓷制品又可分为陶、瓷和炻三类。陶、瓷通常又各分为精（细）和粗两类。瓷质砖吸水率≤0.5%；炻瓷质吸水率>0.5%且≤3%；细炻质吸水率>3%且≤6%；炻质砖吸水率>6%且≤10%；陶质砖吸水率>10%。

瓷砖依用途分：外墙砖、内墙砖、地砖、广场砖和工业砖等。依品种分：釉面砖、通体砖（同质砖）、抛光砖、玻化砖和瓷质釉面砖（仿古砖）。

1）釉面砖就是砖的表面经过烧釉处理的砖，就是表面用釉料一起烧制而成的，主体又分陶土和瓷土两种，陶土烧制出来的背面呈红色，瓷土烧制的背面呈灰白色。釉面砖表面可以做各种图案和花纹，比抛光砖色彩和图案丰富，因为表面是釉料，所以耐磨性不如抛光砖，如图 9-46 所示。

图 9-46　釉面砖

2）广场砖是用于铺砌广场及道路的陶瓷砖。

3）吸水率低于 0.5% 的陶瓷都称为玻化砖，如图 9-47 所示，抛光砖吸水率低 0.5%，也属玻化砖，抛光砖只是将玻化砖进行镜面抛光而得。市场上玻化砖、玻化抛光砖和抛光砖实际是同类产品。其吸水率越低，玻化程度越好，产品理化性能越好。

4）渗花砖是将可溶性色料溶液渗入坯体内，烧成后呈现色彩或花纹的陶瓷砖。

5）仿古砖不同于抛光砖和瓷片，它"天生"就有一副"自来旧"的面孔，因此，人们称它为仿古砖还有复古砖、古典砖、泛古砖和瓷质釉面砖等。仿古砖设计的本意就是再现

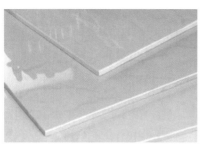

图 9-47　玻化砖

"自然"，如图 9-48 所示。

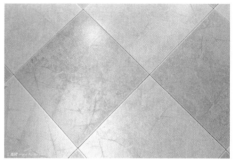

图 9-48　仿古砖

6）陶瓷锦砖俗称马赛克，是由各种颜色的多种几何形状的小瓷片（长边一般不大于 50mm），按照设计的图案反贴在一定规格的正方形牛皮纸上，每张（联）牛皮纸制品面积约为 $0.093m^2$，每 40 联装一箱，每箱可铺贴面积约 $3.7m^2$，如图 9-49 所示。

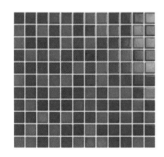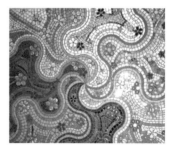

图 9-49　陶瓷锦砖

陶瓷锦砖分为无釉和有釉两种。

2. 瓷砖的性质

1）尺寸：产品大小片尺寸齐一，可节省施工时间，而且整齐美观。

2）吸水率：吸水率越低，玻化程度越好，产品理化性能越好，越不易因气候变化或热胀冷缩而产生龟裂或剥落。

3）平整性：平整性佳的瓷砖，表面不弯曲、不翘角、容易施工、施工后地面平坦。

4）强度：抗折强度高，耐磨性好且抗重压，不易磨损，历久弥新，适合公共场所使用。

5）色差：一块砖与另一块砖的色泽差异，或同一块砖的不同部分之间的色泽差异。

9.3.3 玻璃及其制品的主要技术性能及应用

1. 玻璃的性质

1）玻璃的密度为 $2.45 \sim 2.55 g/cm^3$，其孔隙率接近于0。

2）玻璃没有固定熔点，宏观均匀，体现各向同性性质。

3）普通玻璃的抗压强度一般为 $600 \sim 1200MPa$，抗拉强度为 $40 \sim 80MPa$。脆性指数（弹性模量与抗拉强度之比）为 $1300 \sim 1500$，玻璃是脆性较大的材料。

4）玻璃的透光性良好。

5）玻璃的折射率为 $1.50 \sim 1.52$，可以着色。

6）热物理性质。玻璃的热稳定性差，当产生热变形时，易导致炸裂。

7）玻璃的化学稳定性很强，除氢氟酸外，能抵抗各种介质的腐蚀作用。

2. 常用的建筑玻璃

建筑工程中应用的玻璃种类很多，有平板玻璃、磨砂玻璃、磨光玻璃、钢化玻璃、压花玻璃等，如图9-50所示。其中平板玻璃应用最广。

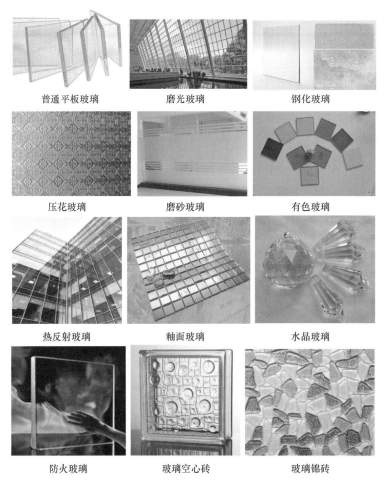

图 9-50 常用玻璃

习惯上将窗用玻璃、压花玻璃、磨砂玻璃、磨光玻璃和有色玻璃等统称为平板玻璃。平板玻璃的生产方法有两种，普通的和浮法的。将玻璃液漂浮在金属液（如锡液）面上，让其

自由摊平，经牵引逐渐降温退火而成，称为浮法玻璃。

（1）普通平板玻璃

国家标准规定，引拉法玻璃按厚度分为2mm、3mm、4mm和5mm共4类；浮法玻璃按厚度分为3mm、4mm、5mm、6mm、8mm、10mm和12mm共7类，并要求单片玻璃的厚度差不大于0.3mm。标准规定，普通平板玻璃的尺寸不小于600mm×400mm；浮法玻璃尺寸不小于1000mm×1200mm且不大于2500mm×3000mm。目前，我国生产的浮法玻璃原板宽度可达2.4~4.6m，可以满足特殊使用要求。

由引拉法生产的平板玻璃分为特等品、一等品和二等品三个等级，浮法玻璃分为优等品、一级品与合格品三个等级。普通平板玻璃产量以重量箱计量，即以50kg为一重量箱，相当于2mm厚的平板玻璃10m²的重量，其他规格厚度的玻璃应换算成重量箱。

（2）磨光玻璃

磨光玻璃是把平板玻璃经表面磨平抛光而成，分单面磨光和双面磨光两种，厚度一般为5mm或6mm。其特点是表面非常平整，物象透过后不变形，且透光率高（大于84%），用于高级建筑物的门窗或橱窗。

（3）钢化玻璃

钢化玻璃是将平板玻璃加热到一定温度后迅速冷却（即淬火）而制成。机械强度比平板玻璃高4~6倍，且耐冲击，破碎时碎片小且无锐角，不易伤人，属于安全玻璃，能耐急热或急冷，透光率大于82%，主要用于高层建筑门窗、车间天窗及高温车间等。

（4）压花玻璃

压花玻璃是将熔融的玻璃液在快冷中通过带图案花纹的辊轴滚压而成的制品，又称花纹玻璃，一般规格为800mm×700mm×3mm。压花玻璃具有透光不透视的特点，因其表面有各种图案花纹，所以又具有一定的艺术装饰效果。

（5）磨砂玻璃

磨砂玻璃又称毛玻璃，它是将平板玻璃的表面经机械喷砂、手工研磨或氢氟酸溶蚀等方法处理成均匀毛面而成。其特点是透光不透视，光线不刺目且呈漫反射，常用于不需透视的门窗，如卫生间、浴厕和走廊等，也可用作黑板的板面。

（6）有色玻璃

有色玻璃是在原料中加入各种金属氧化物作为着色剂而制得带有红、绿、黄、蓝或紫等颜色的透明玻璃。将各色玻璃按设计的图案划分后，用铅条或黄铜条拼装成瑰丽的橱窗，装饰效果很好，宾馆、剧院、厅堂等经常采用。

（7）热反射玻璃

热反射玻璃又叫镀膜玻璃，分复合和普通透明两种，具有良好的遮光性和隔热性能。由于这种玻璃表面涂敷金属或金属氧化物薄膜，有的透光率在45%~65%（对于可见光）之间，有的甚至可在20%~80%之间变动，透光率低，可以达到遮光及降低室内温度的目的。

（8）防火玻璃

防火玻璃是由两层或两层以上的平板玻璃间含有透明不燃胶粘层而制成的一种夹层玻璃，这种玻璃具有优良防火隔热性能，有一定的抗冲击强度。

（9）釉面玻璃

釉面玻璃是在玻璃表面涂敷一层易熔性色釉，然后加热到彩釉的熔融温度，使釉层与玻璃牢固地结合在一起。

（10）水晶玻璃

水晶玻璃也称石英玻璃。这种玻璃制品是高级立面装饰材料。水晶玻璃中的玻璃珠是在耐火模具中制成的。其主要增强剂是二氧化硅，具有很高的强度，而且表面光滑，耐腐蚀，化学稳定性好。水晶玻璃饰面板具有许多花色品种，其装饰性和耐久性均能令人满意。

（11）玻璃空心砖

玻璃空心砖一般是由两块压铸成的凹形玻璃，经熔接或胶结成整块的空心砖。砖面可为光平，也可在内、外面压铸各种花纹。砖的腔内可为空气，也可填充玻璃棉等。砖形有正方形、长方形和圆形等。玻璃空心砖具有一系列优良性能，绝热、隔声，透光率达80%，光线柔和优美。砌筑方法基本上与普通砖相同。

（12）玻璃锦砖

玻璃锦砖也叫玻璃马赛克。它与陶瓷锦砖在外形和使用方法上有相似之处，但它是乳浊状半透明玻璃质材料，大小一般为20mm×20mm×4mm，背面略凹，四周侧边呈斜面，有利于与基面黏结牢固。玻璃锦砖颜色绚丽，色泽众多，历久常新，是一种很好的外墙装饰材料。

玻璃保管不当，易破碎或受潮发霉。透明玻璃一旦受潮发霉，轻者出现白斑、白毛或红绿光，影响外观质量和透光度；重者发生粘片且难分开。

平板玻璃应轻放，堆垛时应将箱盖向上，不得歪斜与平放，不得受重压，并应按品种、规格和等级分别放在干燥、通风的库房里，并与碱性物质或其他有害物质（如石灰、水泥、油脂、酒精等）分开。

9.3.4 金属装饰材料的主要技术性能及应用

金属板材经常用于屋面及幕墙系统，有非常现代、时尚、奢华或是低调的装饰效果。

1. 建筑铝合金型材

建筑铝合金型材的生产方法分为挤压和轧制两类，如图9-51所示。

图 9-51 铝合金型材

经挤压成形的建筑铝合金型材表面存在着不同的污垢和缺陷，同时自然氧化膜薄而软，耐蚀性差，因此必须对表面进行清洗和阳极氧化处理，以提高表面硬度、耐磨性与耐蚀性，然后进行表面着色，使铝合金型材获得多种美观大方的色泽。

建筑铝合金型材使用的合金，主要是铝镁硅合金（LD30、LD31），它具有良好的耐蚀性和机械加工性能，广泛用于加工各种门窗及建筑工程的内外装饰制品。铝合金门窗具有质轻、密封性好、色调美观、耐腐蚀、使用维修方便以及便于进行工业化生产的特点。配以聚己二酰己二胺（尼龙66）制造断桥铝门窗应用前景广阔，如图9-52所示。

铝合金装饰板具有质轻、耐久性好、施工方便以及装饰华丽等优点，适用于公共建筑室内外装饰，颜色有本色、古铜色、金黄色和茶色等，可细分为铝合金花纹板、铝合金压型板和铝合金冲孔板。

图 9-52　断桥铝合金门窗

2. 其他型材

钛锌板、建筑铜板及系统、铝镁锰合金板，采用 U 型扣槽式板通过扣压系统进行安装，它能应用于弧形，平面或者立式窗的装饰。

9.3.5　涂料的主要技术性能及应用

1. 涂料分类

按涂层使用的部位分：外墙涂料、内墙涂料、地面涂料和顶棚涂料，如图 9-53 所示。

按涂膜厚度分：薄涂料、厚涂料和砂粒状涂料（彩砂涂料）。

按主要成膜物质分：有机涂料、无机高分子涂料和有机无机复合涂料。

按涂料所使用的稀释剂分：以有机溶剂作为稀释剂的溶剂型涂料，以水作稀释剂的水性涂料。

按涂料使用的功能分：防火涂料、防水涂料、防霉涂料和防结露涂料。

图 9-53　内外墙涂料

2. 外墙装饰涂料

外墙装饰涂料用于涂刷建筑外立面，主要功能是装饰和保护建筑物的外墙面。所以最重要的一项指标就是抗紫外线照射，要求达到长时间照射不变色。外墙涂料还要求有抗水性能，要求有自涤性。漆膜要硬而平整，脏污一冲就掉。外墙涂料能用于内墙涂刷使用是因为它也具有抗水性能；而内墙涂料因不具备抗晒功能，所以不能把内墙涂料当外墙涂料用。外墙涂料效果如图 9-54 所示。

外墙涂料的种类很多，可以分为强力抗酸碱外墙涂料、有机硅自洁抗水外墙涂料、钢化

图 9-54　外墙涂料效果图

防水腻子粉、纯丙烯酸弹性外墙涂料、有机硅自洁弹性外墙涂料、高级丙烯酸外墙涂料、氟碳涂料、瓷砖专用底漆、瓷砖面漆、高耐候憎水面漆、环保外墙乳胶漆、丙烯酸油性面漆、外墙油霸、金属漆和内外墙多功能涂料等。

主要品种有：

（1）合成树脂乳液外墙涂料

合成树脂乳液外墙涂料目前广泛使用苯乙烯-丙烯酸乳液作主要成膜物质，属薄型涂料。

（2）合成树脂乳液砂壁状建筑涂料

合成树脂乳液砂壁状建筑涂料（简称彩砂涂料）使用的合成树脂乳液常用苯乙烯-丙烯酸丁酯共聚乳液 BB-01 和 BB-02。

砂壁状建筑涂料通常采用喷涂方法施涂于建筑物的外墙形成粗面厚质涂层。

3. 内墙装饰涂料

内墙装饰涂料主要功能是用来装饰及保护室内墙面。要求涂料便于涂刷，涂层应质地平滑、色彩丰富，并具有良好的透气性、耐碱、耐水和耐污染等性能。内墙涂料效果如图 9-55 所示。

图 9-55　内墙涂料效果

（1）合成树脂乳液内墙涂料

合成树脂乳液内墙涂料为薄型内墙装饰涂料。

（2）水溶性内墙涂料

水溶性内墙涂料是以水溶性化合物为基料（如聚乙烯醇），加一定量填料、颜料和助剂，经过研磨、分散后而制成的，可分为 I 类和 II 类两大类。

常用的内墙装饰涂料还有聚乙烯醇系内墙涂料、聚醋酸乙烯乳液涂料、多彩和幻彩内墙涂料、纤维状涂料以及仿瓷涂料等。

4. 地面涂料

地面涂料的主要功能是保护地面，使其清洁、美观。地面涂料应具有良好的耐碱、耐水和耐磨性能。地面涂料效果如图 9-56 所示。

图 9-56   地面涂料效果

常用的地面装饰涂料有过氧乙烯地面涂料、聚氨酯-丙烯酸酯地面涂料、丙烯酸硅树脂地面涂料、环氧树脂厚质地面涂料和聚氨酯地面涂料等。

就目前用于建筑装饰的材料而言，较为突出的污染物有氨、甲醛和芳香烃等挥发性气体，铅、铬、镉和汞等重金属元素，放射性及光污染等。

氨和甲醛都是无色的刺激性气体，对人的视觉和呼吸系统有危害，氨主要来自涂料的原料和助剂，某些喷涂的涂料尤甚，使用了外加剂的混凝土制品，有的也含有氨。甲醛主要来自多种合成树脂型胶粘剂和某些涂料，有的装饰布（纸）也有甲醛，各种木质人造板，贴面板，复合木地板，由于原料中的胶料和施工中使用的胶粘剂，会较多地释放出甲醛。用涂料油饰过的门窗、家具和器物也是散发甲醛的根源。芳香烃是指多环结构的碳氢化合物，着重是苯和苯系物，是有毒的挥发性气体，许多溶剂型涂料及其稀释剂，有机合成的胶粘剂，含焦油的防水材料和各种化学建材，都可能释放出苯系物或其他有害气体。因此装修后如果室内有害气体超标，建议打开窗户空置一段时间后再入住。

本章练习题

1. 简述大理石和花岗岩的区别。
2. 简述平板玻璃的种类。
3. 简述金属装饰板的种类。
4. 涂料的分类有哪些？

参 考 文 献

[1] 李业兰. 建筑材料 [M]. 北京：中国建筑工业出版社，2015.

[2] 依巴丹，李国新. 建筑材料 [M]. 北京：机械工业出版社，2014.

[3] 陈斌，等. 建筑材料 [M]. 重庆：重庆大学出版社，2008.

[4] 闫宏生. 建筑材料检测与应用 [M]. 北京：机械工业出版社，2012.

[5] 洪琴. 建筑材料与检测 [M]. 武汉：武汉理工大学出版社，2015.

[6] 周明月，刘春梅. 建筑材料及检测 [M]. 武汉：武汉理工大学出版社，2016.